高低压并联电容器
试验指导手册

国网安徽省电力有限公司电力科学研究院　组编

李坚林　张晨晨　主编

中国科学技术大学出版社

内 容 简 介

本书主要对电网中最常用的无功补偿设备电容器试验相关内容进行了介绍,包括高低压并联电容器结构特点、运行特性、技术参数,并联电容器设备的检测标准规范和通用要求等,重点阐述并联电容器试验项目、试验装备、试验原理、试验方法和试验结果判定,指导读者开展试验工作,最后对典型案例进行分析。

本书可供从事高低压并联电容器试验的工作人员使用。

图书在版编目(CIP)数据

高低压并联电容器试验指导手册/李坚林,张晨晨主编.—合肥:中国科学技术大学出版社,2022.2

ISBN 978-7-312-05351-1

Ⅰ.高… Ⅱ.①李…②张… Ⅲ.并联电容器—试验—技术手册 Ⅳ.TM531

中国版本图书馆CIP数据核字(2021)第255364号

高低压并联电容器试验指导手册

GAO-DIYA BINGLIAN DIANRONGQI SHIYAN ZHIDAO SHOUCE

出版　中国科学技术大学出版社
　　　　安徽省合肥市金寨路96号,230026
　　　　http://press.ustc.edu.cn
　　　　https://zgkxjsdxcbs.tmall.com

印刷　合肥华苑印刷包装有限公司

发行　中国科学技术大学出版社

开本　787 mm×1092 mm　1/16

印张　12.75

字数　319千

版次　2022年2月第1版

印次　2022年2月第1次印刷

定价　88.00元

组织委员会

主　任	邱欣杰　王　坤
副主任	朱太云　张　健　刘　锋
委　员	丁国成　李坚林　杨　为

编写委员会

主　编	李坚林　张晨晨
副主编	甄　超　谢　佳　胡啸宇　潘　超　陆荣建
编　委	杨海涛　吴兴旺　尹睿涵　吴　杰　赵常威
	张国宝　钱宇骋　吴　昊　邓倩倩　舒日高
	陈　健　刘　翀　王宜福　马骁兵　朱　宁
	沈国堂　汪隆臻　董　康　赵昊然　黄　涛
	周明恩　徐　立　杜嘉嘉　李　探　乜志斌
	田振宁　焦　磊　孙丙元　赵新德　王　翀
	张承习　曹元远　杨佳俊　胡细兵　沈中亮
	吴　凯　刘振山　王署东

前　言

　　随着国家电网有限公司全过程技术监督工作不断深入开展，为确保技术监督工作准确、有效开展，迫切需要技术监督专业人员具备较高的专业水准和技术水平。并联电容器装置是电网中最重要的容性设备，为电力系统稳定安全运行、改善电能质量、降低电能损失、增加输配电能力等发挥了很好的作用，是技术监督工作中设备精益化管理的主要设备之一，而入网检测和试验诊断是监督考核并联电容器装置的重要手段。

　　本书分为5章，分别为并联电容器的基础知识、并联电容器检测与技术监督标准规范、高压并联电容器试验、低压并联电容器试验介绍和典型案例与分析。本书语言通俗易懂、逻辑结构清晰，材料介绍翔实。通过本书的学习和应用，各级技术监督人员能够在监督工作中进一步高效、准确应用规定条款，达到标准化、规范化、精益化开展并联电容器装置技术监督工作的目的。

　　本书的编写得到了国网安徽省电力有限公司有关领导、部门以及各单位的大力支持。

　　鉴于作者水平所限，书中难免有不妥之处，恳请广大读者批评指正。

编　者

2021年11月

目　　录

高低压并联电容器试验指导手册

第1章　并联电容器的基础知识

1.1　电容器的基本概念

电力电容器是高电压和强电流电容器的统称,主要用于电力输配电系统、高电压试验装置、工业生产设备及现代科学技术装备等方面。

电力电容器有不少种类,并联电容器是目前用量最大的电力电容器。它在交流电力系统中与负载并联连接,通过增加容性无功来补偿负载侧的感性无功需求,以提升电网电压的稳定性,增强系统稳定性和提高系统输送电能的能力。

现代的并联电容器有多种分类方法。

(1) 按额定电压,可分为1 kV及以下的低电压并联电容器和1 kV以上的高电压并联电容器两类。

(2) 按结构形式,可分为:

① 电容器单元。电容器单元也称单台电容器或壳式电容器,是由一个或多个电容器元件组装于同一个外壳中并有出线端子的组装体。

② 集合式电容器。集合式电容器是一种将内熔丝电容器单元集装于一个容器(或油箱)中的电容器。

③ 箱式电容器。箱式电容器是由无内熔丝的大元件、绝缘件、紧固件组成芯子,由一个或数个芯子和连接件等组装成整体,装于一个油箱中的电容器。

(3) 按极板和电介质,可分为:

① 油浸箔式全膜介质电容器。这是一种以铝箔为极板、聚丙烯薄膜浸绝缘油为介质的电容器。

② 油浸箔式复合介质电容器。这是一种以铝箔为极板、聚丙烯薄膜与电容器纸复合浸绝缘油为介质的电容器。

以上两种电容器统称为油浸箔式电容器。

③ 自愈式电容器,也称金属化电容器。这是一种用金属化薄膜制成的有自愈性能的电容器,其极板为金属化薄膜上的金属层,介质为金属化薄膜的聚丙烯基膜。

(4) 按是否充有液体浸渍剂,可分为油浸电容器和干式电容器。

目前,高压并联电容器通常采用铝箔电极、油浸全膜介质结构,低压并联电容器通常为自愈式电容器。自愈式电容器有两种类型:一种是浸油的电容器,称为油浸金属化电容器;另一种是不用液体浸渍的电容器,称为干式金属化电容器。

1.1.1　电容器的电容

电容器是用来储存电荷的电器,最简单的电容器由电介质和被它隔开的两个金属电极组成。当电极间施加电压U时,电极上分别聚集了大小相等、符号相反的电荷$+Q$与$-Q$。电荷与电压的比值称为电容,用C表示,表达电容器储存电荷的能力,表达式如下:

$$C = \frac{Q}{U}$$

式中,C表示电容,法拉(F);Q表示电荷,库仑(C);U表示电压,伏特(V)。

在工程使用中法拉(F)的单位太大,通常采用微法(μF)或皮法(也称微微法,pF)这些小得多的单位,其关系为:1 μF$=10^{-6}$ F,1 pF$=10^{-12}$ F。

电容C与电容器电极的形状、大小及布置方式有关。平行板电容器是最常见的一种结构,由两个互相平行的平板导体中间夹电介质组成。当极板间距离与极板尺寸相比较很小时,可忽略其边缘效应,极板间电场可视为均匀电场。平行板电容器的电容C与相对应的电极有效面积S成正比,而与电极间距离d成反比,计算公式为

$$C = \frac{\varepsilon_0 \varepsilon_r S}{d}$$

式中,C表示平行板电容器的电容,F;ε_0表示真空电容率(又称真空介电常数),$\varepsilon_0 = 8.854 \times 10^{-12}$ F/m;ε_r表示相对电容率(又称相对介电常数),无量纲;S表示平行极板正对面积,m^2;d表示电极间垂直距离,m。

并联电容器的元件是用极板和固体电介质经卷绕制成的,可看作平行板电容器。由于极板两面起作用,故能使元件获得较大的电容值。

电容C还与极间电介质的相对电容率ε_r有关。真空的相对电容率为1,其他电介质则以真空为基准,由此可知,电介质的相对电容率是大于1的无量纲的常数,是电介质极化引起电容增大的倍数。当电容器的几何尺寸一定时,由于电介质的极化,极板上电荷量增加,会使电容器的电容比真空时扩大ε_r倍。电介质的ε_r越大,电容C亦越大。

1.1.2　电容器的储能

电容器在两个极板间施加一直流电压U时,极间存在静电场,电极上的电荷靠电场力相互吸引,并相互束缚着。极板间储存的静电能量W的表达式为

$$W = \frac{CU^2}{2}$$

式中，W 表示电容器储存的能量，J；C 表示电容器的电容，F；U 表示电容器极间施加的直流电压，V。

此时，若撤去外电源，由于储存的电荷仍存在，电极间的电压将继续维持不变。所以电容器通过储存电荷来储存能量。

1.1.3　电容器的电流

在一个正弦变化周期中，当电压逐渐增大时，电容器被充电，电压达到幅值时，充电停止，充电电流为零；随后，电压下降，电容器向电源放电，电流反向流向电源，电压降到零时，电流达到最大值；之后，电压反方向增大，电容器又被反向充电。在同一交流电压源的作用下，电容 C 越大，该电容电流就越大；同一电容器，在幅值相同的正弦交流电压作用下，电源的频率越高，电荷的变化周期就越短，电流亦越大。

在正弦交流电压作用下，电容器电流可表示为

$$I_C = 2\pi f C U$$

式中，I_C 表示电容器电流的方均根值，A；f 表示正弦交流电压频率，Hz；U 表示施加在电容器上的正弦交流电压方均根值，V。

1.1.4　电容器的容量

在正弦交流电的作用下，电容器与电源交换能量的能力用电容器的容量或无功功率 Q_C 来表示：

$$Q_C = 2\pi f C U^2$$

式中，Q_C 表示电容器的容量，乏（var）。

在工程应用中，由于并联电容器单台容量较大，Q_C 常以千乏（kvar）为单位，1 kvar＝1000 var。电压 U 常以 kV 为单位，而电容 C 常以 pF 为单位，此时公式变为

$$Q_C = 2\pi f C U^2 \times 10^{-3}$$

1.1.5　电容器的损耗与损耗因数

在交流电的作用下，电容器在产生无功功率的同时，由于电介质内部的极化和漏导，电容器内部极板、熔丝、放电器件、连接导线存在电阻及内部局部放电等原因，会产生一定的有功损耗，统称为电容器的损耗 P_C。电容器的有功损耗与电容器容量（无功功率）Q_C 之比，称为电容器的损耗因数，也称作损耗角正切 $\tan\delta$，即

$$\tan\delta = \frac{P_C}{Q_C}$$

式中，P_C 表示电容器的有功损耗，W；Q_C 表示电容器容量，即无功功率，var；$\tan\delta$ 表

示电容器损耗角正切。

电容器的损耗会消耗电能,造成电容器发热,因此要求 $\tan\delta$ 尽量小,这样可以降低电容器的温升、延长电容器的使用寿命和节约电能。从热稳定的角度还要求电容器在高温下(热稳定性试验结束时)的 $\tan\delta$ 不高于其在 20 ℃时的值。因此,电容器的损耗角正切值 $\tan\delta$ 是衡量交流电容器品质的重要参数。

由电介质的漏导和极化形成的损耗称为介质损耗,它是电容器损耗的主要部分,因此,降低电容器损耗主要是降低介质损耗。电力电容器通常采用组合介质,例如绝缘油浸薄膜、绝缘油浸纸、绝缘油浸纸与薄膜的复合介质等。组合介质的 $\tan\delta$ 与许多因素有关:内因是所用的介质材料(薄膜、纸及浸渍剂)的成分;外因有温度、电场强度和频率等;制造工艺对它也有很大的影响。

1.1.6 介质的电场强度

电容器电极间施加电压 U 时,极间存在电场,电场的大小用电场强度(简称场强)E 表示,场强的表达式为

$$E = \frac{U}{d}$$

式中,E 表示介质的电场强度,MV/m 或 kV/mm;U 表示施加在电容器上的正弦交流电压有效值,MV 或 kV;d 表示电极间距离,m 或 mm。

电容器在额定电压下运行时,其内部电介质上的电场强度称为工作场强。

1.1.7 电容器的比特性

交流电容器的体积与容量的比值,称为体积比特性,表示为

$$\frac{V}{Q_c} = \frac{1}{2\pi f \varepsilon_0 \varepsilon_r E^2} \quad (\text{L/kvar})$$

式中,V 表示电容器的体积,L;Q_c 表示电容器的容量,kvar;f 表示正弦交流电压频率,Hz;ε_0 表示真空电容率(又称真空介电常数),$\varepsilon_0 = 8.854 \times 10^{-12}$ F/m;ε_r 表示相对电容率(又称相对介电常数),无量纲;E 表示工作电场强度,MV/m。

交流电容器的质量与容量的比值,称为质量比特性,表达式为

$$\frac{m}{Q_c} = \frac{\rho}{2\pi f \varepsilon_0 \varepsilon_r E^2} \quad (\text{kg/kvar})$$

式中,m 表示电容器的质量,kg;ρ 表示介质的密度,kg/L。

比特性是评价电力电容器经济技术性能的综合指标,它决定于介质材料的 $\varepsilon_r E^2$。$\varepsilon_r E^2$ 称为电容器介质的储能因数,$\varepsilon_r E^2$ 越大,电容器的比特性越好,越节省材料。但是电容器的可靠性与寿命均取决于场强,为了提高可靠性、获得较长的使用寿命,应降低场强;为了减少材料的消耗,应提高场强。在设计电容器时,必须以电容器的可靠性和寿命为前提,找到这两个相互矛盾的要求之间的最佳平衡点,而不

能片面通过提高场强来改善比特性。

1.1.8　电容器的并联

两个电容器 C_1 和 C_2 相并联,当端子间施加一直流电压 U 时,每个电容器所承受的电压是一致的,都是 U。它们具有的电荷分别为 $Q_1=C_1U$ 和 $Q_2=C_2U$,其总电荷为

$$Q=Q_1+Q_2=U(C_1+C_2)$$

则总电容 $C=C_1+C_2$,相当于电容器的极板面积增大,这是很容易理解的。

多个电容器并联时亦可得到同样的结论:这种并联的电容器组合的电荷和电容是相叠加的,即

$$Q=Q_1+Q_2+Q_3+\cdots=U(C_1+C_2+C_3+\cdots)$$
$$C=C_1+C_2+C_3+\cdots$$

1.1.9　电容器的串联

当两个电容器相串联时,施加一直流电压 U,C_1 与 C_2 上分别分布电压 U_1 与 U_2,并有 $U_1+U_2=U$。

两个电容器的电荷分别为 $Q_1=C_1U_1$ 和 $Q_2=C_2U_2$。由于 C_1 的下电极与 C_2 的上电极是相连的,可视为同一个导体。在一个导体内,正负自由电荷是等量的,而每一个电容器的两个电极上的电荷也是数量相等而符号相反的。所以 $Q_1=Q_2$,即 $C_1U_1=C_2U_2$,则有

$$U=Q\left(\frac{1}{C_1}+\frac{1}{C_2}\right)=\frac{Q}{C}$$

C 为 C_1 与 C_2 串联后的等值电容,即

$$\frac{1}{C}=\frac{1}{C_1}+\frac{1}{C_2}$$
$$C=\frac{C_1C_2}{C_1+C_2}$$

其电压比为

$$\frac{U_1}{U_2}=\frac{C_2}{C_1}$$

即与电容值成反比。U_1、U_2 与 U 的关系式为

$$U_1=\frac{Q}{C_1}=\frac{C}{C_1}U=\frac{C_2}{C_1+C_2}U$$
$$U_2=\frac{C_1}{C_1+C_2}U$$

多个电容器串联时亦可得到同样的结论:串联的电容器组合的总电荷与各个电容器的电荷相同;等值电容的倒数为各电容的倒数之和;电压分配则与电容值成反比。

1.2 并联电容器装置和并联电容器单元简介

1.2.1 高压并联电容器装置

高压并联电容器装置种类繁多,随着电压等级、调节方式、补偿方式、运行方式和装置结构的不同,均可能要求使用不同类型的并联电容器装置。考虑到目前电力企业变电站运维、检修、调试、试验从事人员主要对并联电容器装置开展工作,因此本书对并联电容器装置进行简要介绍。

1. 高压并联电容器装置分类

高压并联电容器装置是指将并联电容器、串联电抗器、放电装置、避雷器、熔断器、断路器、隔离开关等以一定的方式连接在一起,与交流电力系统中的负载并联,用于补偿感性无功功率,以改善功率因数,减少电能损耗,保障电压质量,增强系统稳定性和提高系统输电能力的装置。电容器装置按结构形式的不同可分为框架式并联电容器装置、集合式并联电容器装置和紧凑型集合式并联电容器装置三种类型。

2. 高压并联电容器装置简介

(1)框架式并联电容器装置。

框架式并联电容器成套装置主要由电容器、隔离开关、串联电抗器、避雷器、放电线圈等设备组成。框架式并联电容器成套装置按运行环境分为户内式和户外式。其一次接线采用单星形、双星形和三星形等形式,保护方式有开口三角保护、相电压差动保护、桥差不平衡电流保护、中性点不平衡电流保护等。不同结构形式设备装置如图1-1~图1-5所示。

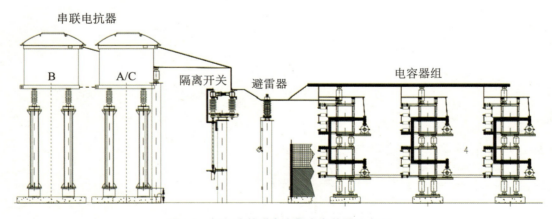

图1-1 框架式并联电容器成套装置示意图

图 1-2　户外 66 kV 框架式并联电容器成套装置

图 1-3　户外 35 kV 框架式并联电容器成套装置

图1-4　户外10 kV框架式并联电容器成套装置

图1-5　户内10 kV框架式并联电容器成套装置

（2）集合式并联电容器装置。

集合式并联电容器是将单台电容器集装于一个容器或油箱中的电容器,其箱体内可分为小单元结构和大元件两种。小单元结构由多个带小铁壳的单元电容器直接组装在充满绝缘油的大箱壳中。单元电容器是全密封的,其内部主要为多个并联的装有内熔丝的小电容元件和液体浸渍剂。不同结构形式设备装置如图1-6~图1-8所示。

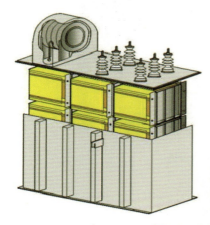

图1-6 大元件结构集合式并联电容器

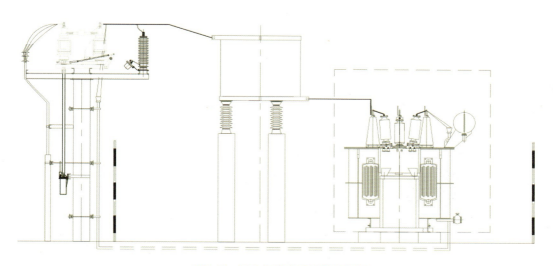

图1-7 集合式并联电容器布置图

图 1-8   35 kV 集合式并联电容器

（3）紧凑型并联电容器装置。

紧凑型集合式并联电容器装置是指以箱壳为地电位,除进线端子外无其他裸露带电导体的高压集合式并联电容器装置。其按进线方式分为电缆进线和架空进线两种形式,由集合式并联电容器、油浸式串联铁心电抗器、油浸式放电线圈、储油柜、避雷器、隔离开关(接地开关)、电缆进线箱等部件单元组合构成,其中电容器、电抗器和放电线圈为一体式全密封结构,构成小型化、一体化和模块化设备。不同结构形式设备装置如图1-9～图1-11所示。

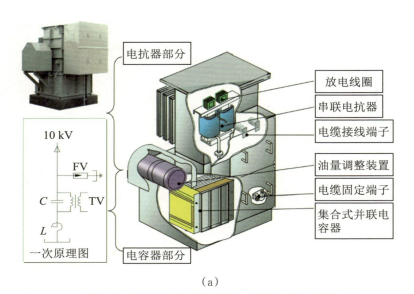

（a）

图 1-9   适用于电缆进线的紧凑型集合式电容器

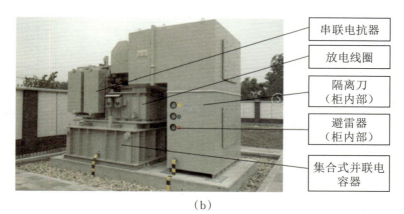

串联电抗器
放电线圈
隔离刀（柜内部）
避雷器（柜内部）
集合式并联电容器

（b）

图1-9（续）　适用于电缆进线的紧凑型集合式电容器

电抗器　油枕　套管　避雷器　隔离开关

电容器　围栏　放电线圈

（a）

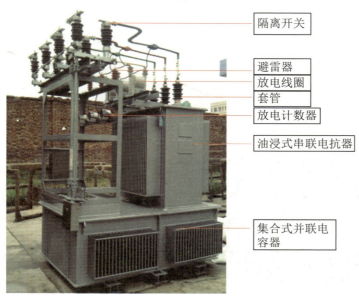

隔离开关
避雷器
放电线圈
套管
放电计数器
油浸式串联电抗器
集合式并联电容器

（b）

图1-10（续）　适用于架空进线的紧凑型集合式电容器

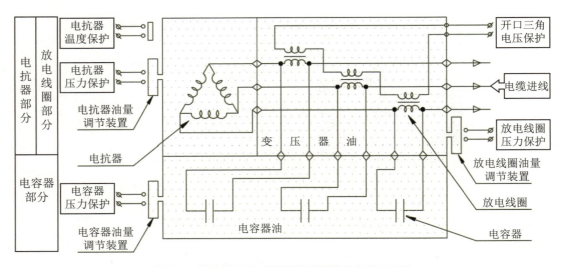

图 1-11　紧凑型集合式并联电容器装置接线原理图

（4）柜式电容器装置。

柜式电容器装置用于户内，主要适用于 6 kV、10 kV、20 kV 系统，将电容器单元及配套设备（如铁芯串联电抗器、干式放电线圈、氧化锌避雷器、隔离开关、断路器等）放置于柜内。装置一般为多柜拼装依次排列，具备外形美观、布线工整、占地面积小等优点，目前多用于小型变电站及企业用户变电站。其设备装置及内部结构如图 1-12～图 1-13 所示。

图 1-12　柜式电容器装置

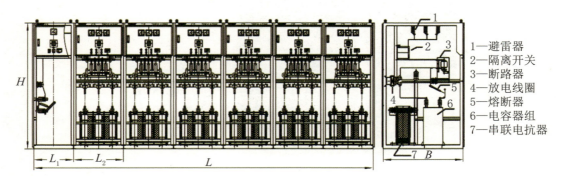

1—避雷器
2—隔离开关
3—断路器
4—放电线圈
5—熔断器
6—电容器组
7—串联电抗器

图 1-13　柜式电容器装置内部结构图

（5）柱上式电容器装置。

柱上式电容器装置是由高压并联电容器单元、专用高压真空接触器、跌落式熔断器、户外高压电流互感器、避雷器、无功补偿自动控制器、装置箱体以及金具、导线等组成。其主要用于6 kV和10 kV配电架空线路中，安装于户外柱上且尽可能地接近负荷之处。它起到降低线路损耗、补偿线路无功功率、改善电压质量以及提高线路功率因数和线路输送能力的作用。如图1-14所示。

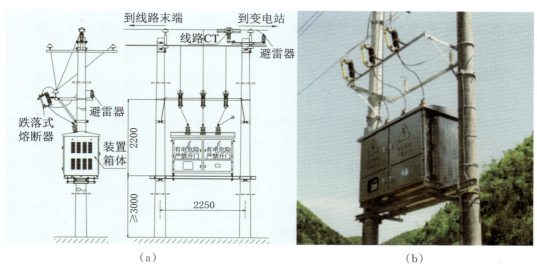

（a）　　　　　　　　　　　　（b）

图1-14　柱上式电容器装置

1.2.2　低压并联电容器装置

低压并联电容器装置适用于380 V及以下配电网，用于补偿电网无功功率、改善功率因数和减少电网电能损耗。装置各部分一般是可以安装在分开的隔室内或安装在同一个结构中，主要由电源总刀闸或断路器、（装置或分组支路）熔断器（或断路器）、电容器投切器件、电容器、电抗器（必要时抑制谐波或限制涌流）、装置或分组支路过流保护装置、自动无功控制器、避雷器，以及装置或分组支路运行状态指示灯等。其装置用电容单元如图1-15所示。

方形电容器　　椭圆形电容器　圆柱形(B1)电容器　圆柱形(B2)电容器

图1-15　低压并联电容器装置用电容单元

低压电容器通常指额定电压在 400 V～1 kV 之间的电力电容器。低压电容器的作用是改善功率因素从而减少用电费用,减轻设备的负荷,增加其使用寿命,减少供电端到用电端之间的线路损失。

目前使用最广泛的低压并联电容器为自愈式电容器,又称金属化电容器,是以有机塑料薄膜为基膜作介质,以金属化薄膜(将铝、锌或锌铝复合在高真空状态下熔化、蒸发、沉淀到基膜上,在基膜表面形成一层极薄的金属层后的塑料薄膜)作为电极和介质,通过卷绕方式(叠片结构除外)制成的电容器。金属化电容器所使用的薄膜有聚丙烯、聚酯等,除了卷绕型之外,也有叠层型。其中以聚丙烯薄膜介质应用最广。

自愈式电容器有一种自我复原能力,即所谓的自愈特性。自愈特性就是薄膜介质由于在某点存在缺陷以及在过电压作用下出现击穿短路,而击穿点的金属化层可在电弧作用下瞬间熔化蒸发而形成一个很小的无金属区,使电容的两个极片重新相互绝缘而仍能继续工作。这一特性极大地提高了电容器工作的可靠性。

具体讲,电容器在外施电压作用下,由于介质中的杂质或气隙等弱点的存在,引起介质击穿形成导电通路。接着在导电通路处附近很小范围内的金属层中流过一个前沿很陡的脉冲电流,使邻近击穿点处金属层上的电流突然上升,并按照其离击穿点的距离成反比分布。在瞬间时刻 t,半径为 R 的区域内金属层的温度达到金属的熔点,于是在此范围内的金属熔化并产生电弧。电流使得电容器释放能量,在弧道局部区域温度突然升高。随着放电能量的作用,半径为 R 的区域内金属层剧烈蒸发并伴随喷溅。在该区域半径增大的过程中电弧被拉断,金属被吹散并受到氧化和冷却,导电通道被破坏,在介质表面形成一个以击穿点为中心的失掉金属层的绝缘区域,这就是电容器的自愈过程。

失掉金属层的圆形绝缘区域被称为自愈晕区,它的面积通常在 1～8 mm² 范围内。自愈晕区金属层的蒸发不是靠弧道释放的热量而是靠电流通过金属层直接发热的热量。在自愈过程中,电流沿介质表面在气体媒质中通过,整个过程进行得很快,外施电压越高时对应的自愈恢复时间就越长。

自愈式电容器尽管有自愈功能,相对比较可靠,但是仍然存在自愈失败的情况,造成元件绝缘水平降低,甚至短路,产生鼓肚、爆裂等个别现象,因此需要采取保护措施。一般保护装置分为过压力保护、安全膜保护和温度保护。

1.2.3　电容器单元

电容器单元是构成并联电容器装置的主体元件;电容器单元通过一定的串并联构成不同结构形式的并联电容器装置。电容器单元也称单台电容器或壳式电容器,是由一个或多个电容器元件组装于同一个外壳中并有出线端子的组装体。图 1-16 为电容器单元的结构。

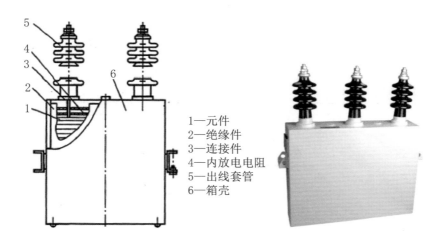

1—元件
2—绝缘件
3—连接件
4—内放电电阻
5—出线套管
6—箱壳

图 1-16　单台电容器结构图

高压并联电容器单元主要由元件、绝缘件、连接件、出线套管和箱壳等组成,有的电容器内部还装设放电电阻和熔丝。低压并联电容器单元主要由元件、连接件和箱壳等组成,有的电容器内部还装设放电电阻。

电容器单元外壳的接地点一般在安装攀上,箱式和集合式电容器的油箱下面有专设的接地端子,接地端子处有接地符号。

并联电容器基本型号由系列代号、浸渍剂代号、极间固体介质代号、结构代号、第一特征号、第二特征号、第三特征号和尾注号组成,其形式如下:

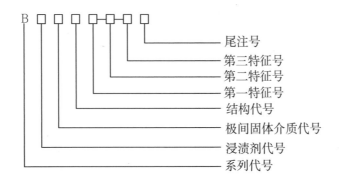

尾注号
第三特征号
第二特征号
第一特征号
结构代号
极间固体介质代号
浸渍剂代号
系列代号

每个代号分别为字母和数字,其含义如下:

(1)系列代号 B,表示并联电容器。

(2)浸渍剂代号,常用字母和含义见表 1-1。

表 1-1　浸渍剂代号

浸渍剂代号	A	B	F	G	L	S	W	Z	D
字母含义	苄基甲苯、SAS 系列	异丙基联苯	二芳基乙烷	硅油	六氟化硫	石蜡	烷基苯	菜籽油	氮气

（3）极间固体介质代号，常用字母和含义见表 1-2。

表 1-2　极间固体介质代号

极间固体介质代号	F	M	MJ
字母含义	膜纸复合	全膜	金属化膜

（4）结构代号，常用字母和含义见表 1-3。

表 1-3　结构代号

结构代号	字母含义	结构代号	字母含义
H	集合式电容器	HL	充 SF6 的集合式电容器
HD	充氮气的集合式电容器	X	箱式电容器

若不标任何字母，则表示该产品为电容器单元。

（5）第一特征号，用以表示电容器的额定电压 U_{CN}，单位为 kV。分几种情况说明：

① 该项特征号标注成"□/$\sqrt{3}$"，其中"□"为某数字。例如 11/$\sqrt{3}$ 或 42/$\sqrt{3}$，其含义为该算式算得的值为电容器的额定电压值。其中，"/$\sqrt{3}$"表示这种电容器用于三相星形连接；分子显示它们所接入系统的标称电压等级；前者对应的是 10 kV 电压等级，后者对应的是 35 kV 电压等级。

② 单相电容器单元该项特征号标注成"□/2"，其中"□"为某数字。例如 11/2 或 12/2，其含义为该算式算得的值，即 5.5 kV 或 6.0 kV 为单元的额定电压值。其分母表示这种电容器不单独用来连接三相，而是在绝缘框（台）架上串联连接；分子显示它们的绝缘水平按 10 kV 电压等级设置和检验。这样标志的电容器单元用于额定电压为 35 kV 的并联电容器装置，在绝缘框（台）架上接成 4 串，串接的中间点即 2 串处接框（台）架。

③ 单相电容器单元该项特征号标注成不带分母的数字。例如 11、12、21、22 等，其含义为这些数值为单元的额定电压值，前两个数字显示绝缘水平按 10 kV 电压等级设置和检验，后两个数字显示绝缘水平按 20 kV 电压等级设置和检验。标志 11、12 的电容器单元可用于额定电压为 35 kV 装置的并联电容器组，在绝缘台架接成 2 串，中间点接台架；标志 21、22 的电容器单元可用于额定电压为 66 kV 装置的并

联电容器组,在绝缘台架接成2串,中间点接台架。

(6)第二特征号,用以表示电容器的额定容量Q_{CN},单位为kvar。

$$Q_{CN} = 2\pi f_N C_{CN} U_{CN}^2 \times 1000$$

其中,f_N为额定频率,单位为Hz;U_{CN}为额定电压,单位为kV;C_{CN}为额定电容,单位为μF。

(7)第三特征号,用以表示电容器的相数,单相以"1"表示,三相以"3"表示,内部为三个独立相电容器,相数以"1×3"表示。

(8)尾注号,用以表示电容器的主要使用特征,含义见表1-4。

表1-4　尾注号字母

尾注号字母	G	H	TH	W
字母含义	高原地区	污秽地区	湿热带地区	户外

第2章 并联电容器检测与技术监督标准规范

标准是由一个公认的机构制定和批准的文件。并联电容器装置本体及附属设备的性能参数、技术要求、测试项目及方法、运维检修、现场试验、状态评价、技术监督等相关技术标准众多。为精准指导电容器检验检测行为,本章重点介绍高低压并联电容器检测类相关技术标准规范和电网公司执行的并联电容器装置相关技术规范。

2.1 高压并联电容器主要参考的检测规范

2.1.1 国家标准

1. GB/T 11024.1—2019《标称电压 1000 V 以上交流电力系统用并联电容器 第 1 部分:总则》

本部分规定了标称电压 1000 V 以上交流电力系统用并联电容器的性能、试验、定额、安全要求、安装和运行导则。

本部分适用于标称电压 1000 V 以上、频率 15~60 Hz 的交流电力系统中,专门用来提供无功功率、改善功率因数的电容器单元和电容器组。

本部分还适用于拟在电力滤波电路中使用的电容器。交流滤波电容器的附加定义、要求和试验在附录 B 中给出。有内部熔丝保护的电容器的附加要求以及对内部熔丝的要求在 GB/T 11024.4—2019 中给出。

有外部熔断器保护的电容器的要求以及对外部熔断器的要求在附录 C 中给出。

本部分不适用于自愈式金属化电介质电容器。

2. GB/T 11024.2—2019《标称电压 1000 V 以上交流电力系统用并联电容器 第 2 部分:老化试验》

本部分规定了标称电压 1000 V 以上交流电力系统用并联电容器的老化试验的要求。

本部分适用于符合 GB/T 11024.1—2019 的电容器。

3. GB/T 11024.4—2019《标称电压 1000 V 以上交流电力系统用并联电容器 第 4 部分:内部熔丝》

本部分规定了电力电容器试验的要求并提供熔丝保护配合的导则。本部分适用于断开故障电容器元件的内部熔丝(简称熔丝),从而允许该电容器单元的其余部分以及接有该电容器单元的电容器组继续运行。这种熔丝不作为诸如断路器之类的开关装置的代替件或者电容器组或其中任一部分的外部保护的代替件。

4. GB/T 16927.1—2011《高电压试验技术 第1部分:一般定义及试验要求》

部分规定了所用的术语,对试验程序和试品的一般要求,试验电压和电流的产生、试验程序、试验结果的处理方法和试验是否合格的判据。

本部分适用于最高电压为1 kV以上设备的下列试验:

(1)直流电压绝缘试验。

(2)交流电压绝缘试验。

(3)冲击电压绝缘试验。

(4)以上电压的联合和合成试验。

2.1.2　行业标准:DL/T840—2016《高压并联电容器使用技术条件》

本标准规定了高压并联电容器的术语和定义、使用条件、技术性能要求、试验、标志、包装、贮存、运输和验收等。

本标准适用于并联连接于额定频率为50 Hz、额定电压高于1 kV的交流电力系统中,用来改善功率因数的电容器。本标准不适用于下列电容器:

(1)自愈式电容器。

(2)集合式电容器。

(3)电力系统用串联电容器。

(4)感应加热装置用电容器。

(5)在叠加有直流电压的交流电压下使用的电容器。

2.1.3　《电力电容器抽检工作技术规范》

2019年中国电力出版社出版了《电力电容器抽检工作技术规范》。本规范对高压并联电容器质量抽检的工作流程和工作标准进行了进一步的细化,包括抽检前期准备、封样、送样、委托检测、试验项目及后续处理等。同时,还对检测试验结果的执行依据、判定标准、试验报告等进行了统一。本物资抽检规范是国网公司系统各单位抽检工作标准,同时也可作为制造厂了解熟悉电网企业对物资质量的要求,不断改进和提高质量水平的指导性文件。

本规范对1~35 kV并联电力电容器的抽检术语、抽检计划、抽检实施、抽检信息管理等做了规定,适用于国家电网有限公司系统招标采购的并联电力电容器产品的抽检工作。

2.2　低压并联电容器主要参考的检测规范

1. GB/T12747.1—2017《标称电压1000 V及以下交流电力系统用自愈式并联电容器 第1部分:总则　性能、试验和定额　安全要求　安装和运行导则》

本部分适用于专门用来改善标称电压1 kV及以下,频率15~60 Hz交流电力系统的功率因数的电容器单元和电容器组。

本部分也适用于在电力滤波电路中使用的电容器。

本部分不适用于下列电容器:

(1) 标称电压1 kV及以下交流电力系统用非自愈式并联电容器。

(2) 标称电压1 kV以上交流电力系统用并联电容器。

(3) 在频率50 kHz以下运行的感应加热装置用电容器。

(4) 串联电容器。

(5) 交流电动机电容器。

(6) 耦合电容器及电容分压器。

(7) 电力电子电容器。

(8) 荧光灯和放电灯中用小型交流电容器。

(9) 抑制无线电干扰用电容器。

(10) 用于各种电气设备中并作为其部件的电容器。

(11) 在叠加有直流电压的交流电压下使用的电容器。

各附件,诸如绝缘子、开关、互感器、熔断器等,均应符合相应的标准,而这些标准并不包括在本部分内。本部分的目的是:

(1) 阐述关于性能、试验和定额的统一规则。

(2) 阐述特殊的安全规则。

(3) 提供安装和运行导则。

2. GB/T12747.2—2017《标称电压1 kV及以下交流电力系统用自愈式并联电容器 第2部分:老化试验、自愈性试验和破坏试验》

本部分规定了标称电压1 kV及以下交流电力系统用自愈式并联电容器的老化试验、自愈性试验和破坏试验的要求。

3. GB/T 17886.1—1999《标称电压1 kV及以下交流电力系统用非自愈式并联电容器 第1部分:总则　性能、试验和定额　安全要求　安装和运行导则》

本部分适用于专门用来提高标称电压1 kV及以下、频率15~60 Hz交流电力系统的功率因数的电容器单元和电容器组。

本部分也适用于在电力滤波电路中用的电容器。本标准不适用于下列电容器:

(1) 标称电压1 kV及以下交流电力系统用自愈式并联电容器。

（2）标称电压1 kV以上交流电力系统用并联电容器。

（3）运行频率40～24000 Hz感应加热装置用电容器。

（4）串联电容器。

（5）电动机用电容器及其类似者,耦合电容器及电容分压器。

（6）在电力电子电路中使用的电容器。

（7）用于荧光灯和放电灯中的小型交流电容器。

（8）抑制无线电干扰的电容器。

（9）用于各种电气设备中并作为其部件的电容器。

（10）用于有直流电压叠加于交流电压的电容器。

各附件,诸如绝缘子、开关、仪用互感器、熔断器等,均应符合有关国家标准。本标准的目的是:

（1）阐述关于性能、试验和定额的统一规则。

（2）阐述特殊的安全规则。

（3）提供安装和运行导则。

4. GB/T 17886.2—1999《标称电压1 kV及以下交流电力系统用非自愈式并联电容器 第2部分:老化试验和破坏试验》

本部分规定了标称电压1 kV及以下交流电力系统用非自愈式并联电容器的老化试验和破坏试验的要求。

5. GB/T 22582—2008《电力电容器低压功率因数补偿装置》

本标准适用于交流频率50 Hz,额定电压1 kV及以下补偿调整电网功率因数的低压无功补偿装置。该装置内部装有开关电器和相关控制设备以实现电容器与主电源回路的接入或切除,从而调整其功率因数。

本标准规定了低压无功补偿装置的术语和定义、标志、设计、安装与运行、安全、试验方法及运输等。

2.3 并联电容器装置电网执行的相关技术规范

2.3.1 主标准

并联电容器(并联电容器组)的使用条件、额定值、性能、试验、安全要求等应执行GB/T 30841—2014《高压并联电容器装置的通用技术要求》。

交流1000 kV变电站用高压并联电容器装置的术语、技术要求、安全要求、试验方法、检验规则等应执行Q/GDW 1836—2012《1000 kV变电站并联电容器装置技术条件》。

额定电压1 kV以上、接于线与地之间、低压端子永久接地或与设备连接的电容器的术语和定义、使用条件、额定值、设计要求试验分类、例行试验、型式试验、特殊试验和设备的标准应执行GB/T 19749.1—2016《耦合电容器和电容分压器 第1部分:总则》。

标准差异化执行意见:

(1) GB/T 30841—2014《高压并联电容器装置的通用技术要求》对并联电容器介质损耗因数测量无规定,建议执行支撑标准DL/T 840—2016《高压并联电容器使用技术条件》第5.5条规定:全膜介质的电容器在工频交流额定电压下,20 ℃时损耗角正切值不应大于0.03%。

原因分析:并联电容器介质损耗因数测量与电容器热稳定性能相关,出厂试验和型式试验必须测量并联电容器介质损耗因数,并且应从严执行。

(2) GB/T 30841—2014《高压并联电容器装置的通用技术要求》表9规定:装置额定电压(方均根值)6 kV额定短时工频耐受电压(方均根值)30 kV,建议执行支撑标准Q/GDW 11225—2014《6 kV～110 kV高压并联电容器装置技术规范》表13规定:电压等级6 kV工频耐受电压(方均根值)23/30 kV,电压等级10 kV工频耐受电压(方均根值)30/42 kV。

原因分析:应区分干燥状态下和淋雨状态下的工频耐受电压(方均根值)。

(3) GB/T 30841—2014《高压并联电容器装置的通用技术要求》第5.7.5条规定:对于电容量在3 Mvar及以下的电容器组,实测电容值与额定值之差不应超过额定值的−5%～+5%;对于电容量在3 Mvar以上的电容器组,实测电容值与额定值之差不应超过额定值的0～+5%;对电容器单元未做规定,建议电容器单元执行支撑标准DL/T 840—2016《高压并联电容器使用技术条件》第5.4条款规定:电容器单元的实测电容值与额定值之差不应超过额定值的−3%～5%。

原因分析:GB/T 30841—2014《高压并联电容器装置的通用技术要求》未对电容器单元电容量偏差进行规定,但是单台电容器部分电容击穿后,整组电容器的电容量最大与最小值之比仍可能小于1.02,因此对电容器单元的电容量进行测量很有必要。

2.3.2 从标准

1. 部件元件类

部件元件类从标准主要包含组成设备本体的部件、元件及附属设施(如放电线圈、保护装置等)的技术要求。

高压并联电容器用放电线圈的选用应执行DL/T 653—2009《高压并联电容器用放电线圈使用技术条件》。

高压并联电容器用阻尼式限流器的选用应执行DL/T 841—2003《高压并联电容器用阻尼式限流器使用技术条件》。

高压并联电容器用串联电抗器的选用应执行 JB/T 5346—2014《高压并联电容器用串联电抗器》。

110（66）～750 kV 智能变电站用高压并联电容器装置接口规范应执行 Q/GDW 11071.8—2013《110（66）～750 kV 智能变电站通用一次设备技术要求及接口规范 第8部分：高压并联电容器装置》。

标称电压 1 kV 以上交流电力系统用并联电容器配用的外部熔断器的试验执行 GB/T 11024.1—2019《标称电压 1000 V 以上交流电力系统用并联电容器 第1部分：总则》。

标称电压 1 kV 以上交流电力系统用并联电容器耐久性试验执行 GB/T 11024.2—2019《标称电压 1 000 V 以上交流电力系统用并联电容器 第2部分：耐久性试验》。

标称电压 1 kV 以上交流电力系统用并联电容器和并联电容器组的保护执行 GB/T 11024.3—2019《标称电压 1000 V 以上交流电力系统用并联电容器 第3部分：并联电容器和并联电容器组的保护》。

标称电压 1 kV 以上交流电力系统用并联电容器内部熔丝的性能要求和试验执行 GB/T 11024.4—2019《标称电压 1000 V 以上交流电力系统用并联电容器 第4部分：内部熔丝》。

标称电压 1 kV 及以下交流电力系统用自愈式并联电容器的老化试验、自愈性试验和破坏试验应执行 GB/T 12747.2—2017《标称电压 1000 V 及以下交流电力系统用自愈式并联电容器 第2部分：老化试验、自愈性试验和破坏试验》。

标称电压 1 kV 及以下交流电力系统用非自愈式并联电容器的老化试验和破坏试验应执行 GB/T 17886.2—1999《标称电压 1 kV 及以下交流电力系统用非自愈式并联电容器 第2部分：老化试验和破坏试验》。

标称电压 1 kV 及以下交流电力系统用非自愈式并联电容器内部熔丝的选用应执行 GB/T 17886.3—1999《标称电压 1 kV 及以下交流电力系统用非自愈式并联电容器 第3部分：内部熔丝》。

2. 运维检修类

并联电容器装置运行的基本要求、运行条件、运行维护、不正常运行和处理应执行 DL/T 969—2005《变电站运行导则》。

并联电容器装置大修、小修项目，以及常见缺陷处理、例行检查与维护方法等应执行 DL/T 355—2010《滤波器及并联电容器装置检修导则》。

3. 现场试验类

现场试验类从标准主要包括交接试验、例行试验和诊断性试验标准。

10 kV 及以上电容器装置交接试验应执行 Q/GDW 11447—2015《10 kV～500 kV 输变电设备交接试验规程》。

10 kV 以下电容器装置交接试验应执行 GB 50150—2016《电气装置安装工程电气设备交接试验标准》。

电容器装置投运后设备巡检、检查和试验的项目、周期和技术要求应执行 Q/GDW 1168—2013《输变电设备状态检修试验规程》。

电容器装置的红外检测周期和技术要求应执行 DL/T 664—2016《带电设备红外诊断应用规范》。

4. 状态评价类

并联电容器装置状态评价工作应执行 Q/GDW 10452—2016《并联电容器装置状态评价导则》，耦合电容器状态评价工作应执行 Q/GDW 460—2010《电容式电压互感器、耦合电容器状态评价导则》。状态评价导则与状态检修导则一般配套使用。

5. 技术监督类

高压并联电抗器可研规划、工程设计、设备采购、设备制造、设备验收、运输储存、安装调试、竣工验收、运维检修和退役报废等全过程技术监督应执行 Q/GDW 11082—2013《高压并联电容器装置技术监督导则》。

2.4 并联电容器电网技术监督关键条款

技术监督贯穿设备的全寿命周期,在电能质量、电气设备性能、化学、电测、金属、热工、保护与控制、自动化、信息通信、节能、环境保护、水机、水工、土建等各个专业方面,对并联电容器装置的健康水平和安全、质量经济运行方面的重要参数、性能和指标,以及生产活动过程进行监督、检查、调整及考核评价。

1. 规划可研阶段

应重点关注电容器装置配置的总体原则、安装位置、总容量、布置方案是否满足细则的要求。

监督要点:

(1) 应坚持分层和分区平衡的原则。分层无功平衡的重点是确保各电压等级层面的无功电力平衡,减少无功在各电压等级之间的穿越;分区无功平衡的重点是确保各供电区域无功电力就地平衡,减少区域间无功电力交换。

(2) 220 kV 及以上电压等级变电站安装有两台及以上变压器时,每台变压器配置的无功补偿度宜基本一致。

(3) 110(66) kV 变电站的单台主变压器容量为 40 MVA 及以上时,每台主变压器配置不少于两组的容性无功补偿装置。

无功补偿装置配置要求是规划可研阶段比较重要的监督项目。

电力系统各级网络节点的运行电压值应满足供电电压质量和系统电压稳定以

及同步稳定的要求,电网无功补偿的配置包括容量、设备选型及安装地点的确定。无功补偿配置方法的一个基本原则就是分层和分区平衡的原则,以减少无功功率在线路(网络)中的流动,降低输变配设备对无功功率的需求量和电压损耗。分层无功平衡的重点是确保各电压等级层面的无功电力平衡,减少无功在各电压等级之间的穿越;分区无功平衡重点是确保各供电区域无功电力就地平衡,减少区域间无功电力交换。

2. 工程设计阶段

应重点关注电容器组总容量、投切时电压波动以及高次谐波情况、连接方式、合闸涌流限值、布置方式、消防等的设计要求,电容器组、隔离开关、串抗、避雷器、放电线圈的选型要求及油浸式串联电抗器的瓦斯保护。

监督要点:

(1) 单一串联段电容器并联总容量不应超过 3900 kvar。

(2) 并联电容器组应采用星形接线。在中性点非直接接地的电网中,星形接线电容器组的中性点不应接地。

(3) 并联电容器安装连接线不应直接利用电容器套管连接或支承硬母线。

(4) 户外布置的电容器宜使它的小面积侧朝向太阳直射方向。户内布置的并联电容器装置,应采取防止凝露引起污染事故的安全措施。

(5) 与集合式电容器、油浸式串联电抗器的电气连接,应采用专用的接线端子和有伸缩节的导电排并连接可靠。

(6) 电容器端子间或端子与汇流母线间的连接应采用带绝缘护套的软铜线,新安装电容器的汇流母线应采用铜排。

(7) 电容器单元选型时应采用内熔丝结构,单台电容器保护应避免同时采用外熔断器和内熔丝保护。

并联电容器组设计是工程设计阶段最重要的监督项目。

早期 10 kV 电容器组都采用三角形接线,且每相只有一个电容器串联段。一旦发生电容器极间击穿故障时,故障电容器就流过相间短路故障电流,往往引起电容器保障起火,烧坏整组电容器。而星形接线电容器组发生全击穿时,故障电流受到健全相容抗的限制,来自系统的工频电流大大降低,最大不超过电容器组额定电流的 3 倍,并且没有其他两相电容器的涌放电流,只有来自同相的健全电容器的涌放电流,这是星形接线电容器组油箱爆炸事故较少的技术原因之一。所以,并联电容器组接线方式应是星形接线。

电容器单元选型时应采用内熔丝结构,单台电容器保护应避免同时采用外熔断器和内熔丝保护。根据近六年的典型故障分析,外熔断器结构的电容器,在电容器单元内部第一个元件击穿后,由于电流增加很小,外熔断器并不会动作,电容元件击穿后未被隔离而继续运行,故障点内部燃弧产生气体累积压力可造成外壳炸裂的危险,对全膜电容器而言,这种危险已减少但仍不能忽略。此外,电容器外熔断器性能、质量差别较大,暴露在户外及空气中的外熔断器易发生老化、锈蚀失效等问题,近年来各主要厂家内熔丝设计、质量水平已普遍提高。

并联电容器组设计必须全面细致考虑标准、反措要求及运维检修实际,这是后续的制造、安装、验收、调试工作的具体依据,也深刻影响着运维检修工作的便利性和有效性。一旦设计不到位,直接影响到设备的安全稳定运行。

3. 设备采购阶段

应重点关注装置中各设备的选型合理性、需提供的试验报告的要求,关注厂家是否提供保护计算方法和保护整定值。

监督要点:

(1)产品应具有合格、有效的出厂试验报告和型式试验报告。

(2)制造厂需提供 GB/T 11024.2—2019 中规定的耐久性试验报告。

(3)电容器组选用金属氧化物避雷器时,应充分考虑其通流容量。避雷器的 2 ms 方波通流能力应满足标准中通流容量的要求。

并联电容器采购需提供的试验报告的要求是设备采购阶段最重要的监督项目。

该条规定是考虑电容器产品长期运行的稳定性而针对电容器单元的制造工艺提出的型式试验要求,应按照 GB/T 11024.2—2019《标称电压 1000 V 以上交流电力系统用并联电容器 第 2 部分:老化试验》中有关规定开展过电压周期试验和老化试验。过电压周期试验是为了验证在从额定最低温度到室温的范围内,反复的过电压周期不致使介质击穿。老化试验是为了验证在提高的温度下,由增加电场强度所造成的加速老化不会引起介质过早击穿。老化试验是验证电容器运行可靠性的有效检验手段,对每一型号的产品提出老化试验要求,可以有效督促设备厂家提高设备结构设计、生产制造工艺水平。技术监督人员应确认招投标文件、合同、试验报告和技术规范书等资料齐全、规范,尤其是型式试验报告中的试验项目不应缺项。

根据 GB/T 30841—2014《高压并联电容器装置的通用技术要求》5.3.3.7 对 10~110 kV 并联电容器组用避雷器通流容量作出的明确规定,新增对避雷器选型时通流容量的具体要求。电容器组用金属氧化物避雷器,主要是防止操作过电压对电容器的危害。操作过电压保护用避雷器的主要参数是方波通流容量,主要是指 2 ms 方波的冲击电流容量。

4. 设备制造阶段

应重点关注设备监造服务合同、监造过程资料、试验报告等的要求,并关注厂家是否提供了保护计算方法和保护整定值,保护定值是否根据电容器内部元件串并联情况进行计算确定,并联电容器装置的油浸式串联电抗器是否按要求装设瓦斯保护,油浸集合式并联电容器是否设置储油池或挡油墙。

监督要点:

(1)监造工作应依据相关法律、法规、公司设备材料监造技术规范等相关规定,以及设备采购合同、监造服务合同等。

(2)监造工作应按照监造大纲开展,重点监督以下内容:关键点见证人员的资质;当出现进度偏差或预见可能出现的延误时,报监造委托方的及时性;设备监造台账,主要包括监造计划、监造日志、监造周报、监造发现问题专题报告、监造总结等的齐全、规范性。监造工作完成后,监造工作总结提交监造委托方的及时性。

(3)产品应具有合格、有效的出厂试验报告和型式试验报告。

(4)过程见证、部件抽测、试验复测、第三方抽检等工作应形成记录;监督记录、结论及问题整改要求应以报告形式交业主、监理、制造厂等单位,作为后续工作依据。

设备监造是设备制造阶段最重要的监督项目。

电容器组设备监造阶段技术监督的重点应该是确保制造厂应有可靠的质量技术保证体系和型式试验报告、耐久性试验报告,需要特别注意的是外壳耐受爆破能量试验报告齐全合格。考虑到常规使用的电容器生产技术简单,技术和工艺都已经相当成熟,只要经落实制造厂有可靠的质量技术保证体系,一般情况下不需要驻厂监造。若有特殊要求的设备,如高海拔地区所需并联电容器或制造厂改进了工艺、新型产品等,可考虑驻厂监造或出厂试验见证。

5. 设备验收阶段

应重点关注对技术资料、运输储存、电容器组最大与最小电容之比、局部放电试验抽检报告等的要求。

监督要点:

(1)生产厂应提供供货电容器局部放电试验抽检报告。局部放电试验报告必须给出局部放电量和局部放电熄灭电压。其中,局部放电量(1.6倍额定电压下)应不大于50 pC,局部放电熄灭电压应不低于1.2倍额定电压。

(2)并联电容器组三相中任何两相之间的最大与最小电容之比,电容器组每组各串联段之间的最大与最小电容之比,均不宜超过1.02。

并联电容器组是设备验收阶段最重要的监督项目。

局部放电可能发生在绝缘介质内、绝缘层之间或绝缘层与电极之间的气泡中,也可能发生在极板边缘、金属件表面尖锐点或杂质等电场集中处。局部放电虽然能量不大,但会使得电介质性能较快劣化,导致绝缘的击穿。因此,局部放电性格是设计制造电容器,特别是全膜电容器应考虑的重点,通过对局部放电的测量,可以判断设计是否合理、工艺是否良好。

中性点不接地的星形接线电容器组,当三相之间和每相各串联段之间电容值不平衡,正常运行时会产生电压分布不均衡。电容值不平衡加大则电压分布不均也随之加大,此时电容值小的某一相或某一个串联段承受的电压高。因为电容器产品在制造时就存在着容差,在电容器组安装时也不可能将电容量调配得十分均衡,所以,从理论上讲希望容差为零,使电压达到均衡分布,但实际上办不到。因此,从需要与可能考虑,容差应尽量小一些。容差越小,电容器运行时电压分配的不均匀性也就小,同时,不平衡保护的初始不平衡电压与不平衡电流也小,这样才有利于保护整定和提高灵敏度。

6. 设备安装阶段

应重点关注安装质量管理、避雷器和放电线圈的接线方式。

监督要点:

(1)电容器组过电压保护用金属氧化物避雷器接线方式应采用星形接线、中性点直接接地方式。

(2)电容器组过电压保护用金属氧化物避雷器应安装在紧靠电容器高压侧入口处的位置。

(3)干式空心电抗器下方接地线不应构成闭合回路。围栏采用金属材料时,金属围栏禁止连接成闭合回路,应有明显的隔离断开段,并不应通过接地线构成闭合回路。

(4)干式铁心电抗器户内安装时,应做好防振动措施。

(5)电容器端子间或端子与汇流母线间的连接应采用带绝缘护套的软铜线。

(6)新安装的电容器汇流母线应采用铜排。

避雷器是设备安装阶段最重要的监督项目。

电容器组过电压保护用金属氧化物避雷器接线方式用星形接线、中性点直接接地方式,可以起到防相对地、相间过电压的作用。有部分工程想解决电容器组的极间过电压保护,采用"3+1"接线方式,即三台避雷器星形连接、中性点对地再接一台避雷器。这种方式无论是避雷器的运行可靠性还是电容器的极对地保护水平都不可靠,又无电容器的极间保护功能,预期的目的并没有达到,反而会出现故障隐患。

在紧靠电容器高压侧装设金属氧化物避雷器可限制由断路器重击穿引起的操作过电压,起到保护电容器组的作用,这种接法可以有效地限制断路器单相重击穿时电容器相对地和中性点过电压的发展,降低由单相重击穿诱发两相重击穿的概率。如果将金属氧化物避雷器接在电源进线侧,串联电抗器布置在首端,则加在电抗和容抗上的电动势方向相反,电容器的电压比电源电压高,当出现过电压工况时,避雷器将难以起到限压保护作用。

为避免干式空心电抗器的强磁场对周围铁构件的影响,周围的铁构件不应构成闭合回路,以免产生感应电流回路引起发热。

028

由于漏磁、铁心气隙影响,干式铁心电抗器运行中存在较大幅度的振动和噪声。干式铁心电抗器户内布置,尤其是户内架空层布置时,设备的振动极易引起建筑体谐振和设备自身损坏,因此应具备防震措施。

根据近六年的典型故障案例,电容器组通常由于设计紧凑,绝缘距离裕度很小,极易因鸟类等异物窜入导致相间短路,对连接线进行绝缘化处理,采用绝缘护套,是为了防止电容器对地及极间短路。电容器的连接应使用软铜线,不要使用硬铜棒连接,是为了防止导线硬度太大造成接触不良,铜棒发热膨胀使套管受力损伤。

通过对27家省公司框架式并联电容器设备调研发现,电容器接头发热问题为主要缺陷问题,在各类缺陷问题中占比为22.86%,位居第1,其中因铜铝过渡片装反导致的发热占发热问题数量的47.62%。电容器套管接头、连接线及线夹均为铜质材料,汇流母线如采用铝排时需安装铜铝过渡片,在安装施工过程中,由于铜铝过渡片标识模糊或人为疏忽,常造成铜铝过渡片安装错误导致带电运行后接头发热。铜排具有良好的载流和导热性能,彻底解决铜铝过渡问题,大幅降低电容器运行中出现的发热问题数量。较铝汇流排,采用全铜汇流排总成本将增加约3%~5%。

7. 设备调试阶段

应重点关注调试准备工作、电容器组的绝缘电阻检测、电容量检测和交流耐压试验、串抗的直阻试验。

监督要点:放电线圈交接试验报告应合格、齐全。其中,

① 放电线圈绝缘电阻:一次绕组对二次绕组、铁芯和外壳的绝缘电阻不小于 1000 MΩ;二次绕组对铁芯和外壳的绝缘电阻不小于 500 MΩ。

② 油浸式放电线圈介质损耗值:35 kV 不大于 3%(20 ℃时),66 kV 产品应不大于 2%(20 ℃时)

放电线圈是设备调试阶段比较重要的监督项目。

设备调试阶段交接试验是对设备入网前的最后一次检测,可以有效发现运输、安装等阶段是否存在问题,保证设备以良好状态投运。同时,交接试验结果是后期运行过程中判断设备是否存在异常的重要参考。绝缘电阻和介质损耗值是目前放电线圈调试时的主要参数,也是其投运后的例行试验项目,是判断放电线圈状态的主要试验项目。

8. 竣工验收阶段

应重点关注前期问题整改情况、安装投运技术文件、串联电抗器的安装结构、避雷器的接线方式和安装位置、放电线圈的安装以及结构、并联电容器的冲击合闸试验等。

监督要点:在电网额定电压下,对电力电容器组的冲击合闸试验应进行3次,冲

击间隔时间不少于 5 min。

　　并联电容器冲击合闸是竣工验收阶段最重要的监督项目。

　　该条规定主要为强调执行 GB 50150—2016《电气装置安装工程 电气设备交接试验标准》，电容器正式投运前投切 3 次，检查断路器、电容器组各部件无异常。电容器放电有两种方式，在电容器内部装设放电电阻与电容元件并联或在外部装设放电线圈，新设备合闸时间间隔不少于 5 min，主要是考虑放电电阻的放电速度较慢，剩余电压在 5 min 内才能由额定电压降至 50 V 以下。

　　9. 运维检修阶段

　　应重点关注设备运行、状态检修、状态评价、故障缺陷处理情况、试验装备管理及反措执行情况。

　　监督要点：

　　（1）巡视项目重点关注电容器有无油渗漏、鼓起现象；高压引线、接地线连接是否正常。

　　（2）应在电容器例行停电试验时使用不拆连接线的测量方法逐台进行单台电容器电容量的测量。对于内熔丝电容器，当电容量减少超过铭牌标注电容量的 3% 时，应退出运行。对于无内熔丝的电容器，一旦发现电容量增大超过一个串段击穿所引起的电容量增大时，应立即退出运行。

　　（3）外熔断器超过 5 年应更换。

　　（4）放电线圈首末端必须与电容器首末端相连接，新安装的放电线圈应采用全密封结构。对已运行的非全密封放电线圈应加强绝缘监督，发现受潮现象时应及时更换。

　　（5）应保持采用 AVC 等自动投切系统控制的多组电容器各组投切次数均衡。电容器组半年内未投切或近 1 年内投切次数达到 1000 次时，自动投切系统应闭锁投切。对投切次数达到 1000 次的电容器组连同其断路器均应及时进行例行检查及试验，确认设备状态完好后应及时解锁。

　　（6）电容器室运行环境温度超过并联电容器装置所允许的最高环境温度时，应校核电容器室的通风量。对不满足消除余热要求的，应采取通风降温措施或实施改造。

　　（7）已配置抑制谐波用串联电抗器的电容器组，禁止减少电容器运行。

　　运行单位应定期对高压并联电容器装置开展运行巡视，巡视项目重点关注电容器有无油渗漏、鼓起现象，高压引线、接地线连接是否正常等项目。巡视工作形成的记录和报告，相关内容应齐全。

　　整组电容量测量无法灵敏发现单台电容器电容量变化情况，例行停电试验时应进行单台电容器电容量的测量。采用内熔丝电容器，当实际运行中减容超过 3% 时，由于内部熔丝熔断，剩下完好的与其并联的电容元件会因容抗升高而承受过电压运行,很容易发生损坏。

对于户外用熔断器已运行5年以上,根据实际运行观测,由于受风雨、污秽侵蚀,已大批失效的,必须进行更换,并应淘汰非全密封式放电线圈。

根据GB/T 11024.1—2019《标称电压1000 V以上交流电力系统并联电容器 第1部分:总则》有关条款,为避免AVC系统控制策略不合理,导致同母线下某组电容器组用断路器投切动作过于频繁,引发机械或电气故障,考虑通常操作过电压条件,电容器组用断路器每年切合不宜超过1000次,因此新增定期检查断路器、电容器组各部件有无异常的工作内容。

根据GB 50227—2017《并联电容器装置设计规范》第8章,新增了对运行环境温度不满足要求的电容器室提出改造措施的要求。

第3章 高压并联电容器试验

高压并联电器试验是指在电容器投入使用前,为判定其有无安装或制造方面的质量问题,以确定新安装的或运行中的电容器设备是否能够正常投入运行,而对电容器单体的绝缘性能、电气特性及机械性能等按照标准、规程、规范中的有关规定逐项进行试验和验证。

3.1 高压并联电容器试验条件

满足试验条件要求是高压并联电容器试验的基本要求。对高电压等级并联电容器而言,一般需满足以下要求:

(1)除对特定的试验或测量另有规定外,电容器电介质的温度应在5～35 ℃范围内。当必须进行校正时,采用的参考温度为20 ℃,但制造方和购买方之间另有协议时除外。若电容器处于不通电状态,在恒定环境温度中放置了适当长的时间,则可认为电容器的电介质温度与环境温度相同。

(2)若没有其他规定,则无论电容器的额定频率如何,交流试验和测量均应在50 Hz或60 Hz的频率下进行。试验电压的波形和偏差应符合GB/T 16927.1—2011《高电压试验技术 第1部分:一般定义及试验要求》中6.2.1的要求。

3.2 高压并联电容器检验规则

检验规则对用户不同条件下高压并联电容器的试验类型、覆盖原则进行了规定。对高压并联电容器而言,试验分为例行试验、型式试验、验收试验和特殊试验。

例行试验应由制造方在交货前对每一台电容器进行该实验。若购买方有要求,则制造方应提供详列这些试验结果的证明书。例行试验的试验顺序不做强制性要求。

型式试验是为了确定电容器在设计、参数、材料和制造方面是否满足本部分中所规定的性能和运行要求。型式试验的主要目的是验证设计,并不是用来揭示批量生产中质量差异的手段。除非另有规定,每一拟用来进行型式试验的试品应为经例行试验合格的电容器。型式试验应在与供货产品有相同设计的电容器上进行，或在可能影响型式试验所要检验性能的设计和工艺方面与供货产品没有任何差异的电容器上进行。型式试验应由制造方进行，在有要求时，应向购买方提供详列这些试验结果的证明书。型式试验可以覆盖一定范围的电容器设计。

验收试验的项目为例行试验和/或型式试验或其中的某些项目，可由制造方根据与购买方签订的相关合同重复进行。进行这些重复试验的试品数量和验收准则应由制造方与购买方协商确定并在合同中写明。

特殊试验是对电介质设计及其组合的老化试验，其用来验证在升高温度下提高试验电压所造成的老化进程不至于引起电介质过早击穿。该试验可以覆盖一定范围的电容器设计。

本章重点介绍高压并联电容器的型式试验内容，以及应遵循的覆盖原则。在容量范围相同，额定电压相近，绝缘水平、内部结构（介质结构、放电电阻、内熔丝和浸渍剂）相同时，电气场强高的电容器型式试验可以覆盖电气场强低的电容器型式试验。

3.3 高压并联电容器试验项目与方法

3.3.1 外观检查

1. 试验目的

外观检查的目的是通过目测和量测的方法，判断电容器的外观质量和绝缘设计距离是否满足要求。电容器的外观和尺寸应符合产品图样的要求，其外壳及外露的金属件应有良好的防腐锈蚀性能。电容器的接线端子用铜合金制成，外表面镀锡，油漆和镀层应符合相关标准的要求。

2. 危险点分析及控制措施

（1）防止高处坠落。在实验室或者现场如果需高处作业，应系好安全带。必要时应使用高处作业车，严禁徒手攀爬。

（2）在实验室或者现场为防止高处落物伤人，高处作业应使用工具袋，上下传递物件应用绳索拴牢传递，严禁抛掷。

3. 测试前的准备工作

（1）了解被试样品的基本参数和出厂资料。

（2）测试仪器、样品准备。选择合适的测量工具，测量工具的检定证书应在有效期内。

（3）做好试验现场安全和技术措施。向其余试验人员交代工作内容，明确人员分工及试验程序。

4. 试验标准

DL/T 840—2016《高压并联电容器使用技术条件》6.2.1条。

5. 试验方法

采用目测检查,套管及箱壳应无损伤、变形,无渗漏油,金属件外表面油漆应完整、没有腐蚀。测量电气距离应符合要求。

6. 测试注意事项

(1)当测量仪器需改变时,应注意其量程、准确度是否符合试验要求,检定日期是否在有效期内。

(2)在检测过程中,经过多次测量,若发现检测数据重复性较差时,应查明原因。

7. 测试结果分析及测试报告编写

(1)测试结果分析。电气距离测量结果应满足绝缘距离要求。

(2)测试报告编写。测试报告填写应包括测试样品编号、测试时间、测试人员、天气情况、环境温度、湿度、测试地点、电容器参数、测试结果、测试结论,以及测试设备的名称、型号、出厂编号,备注栏写明其他需要注意的内容。

3.3.2 端子与外壳间绝缘电阻测量

1. 试验目的

通过电气试验,判断电容器套管、接线端子和外壳之间的绝缘强度是否满足要求。

电容器的绝缘电阻可分为极间绝缘电阻和两极对外壳的绝缘电阻,由于大量试验证明极间绝缘电阻反映极间绝缘缺陷不够明显,因此在交接试验和预试中都不进行极间绝缘电阻的测量。对并联电容器应测量两极对外壳的绝缘电阻,这主要是检查器身套管等的对地绝缘情况。

2. 危险点分析及控制措施

防止工作人员触电。在拆、接试验接线前,应将样品对地充分放电,以防止剩余电荷、感应电压伤人及影响测量结果。试验接线应正确、牢固,试验人员应精力集中。注意被试样品应与其他设备有足够的安全距离,必要时应采取加绝缘板等安全措施。

3. 测试前的准备工作

(1)了解被试样品的基本参数和出厂资料。

(2)测试仪器、样品准备,选择合适的绝缘电阻表。

(3)做好试验现场安全和技术措施。向其余试验人员交代工作内容,明确人员分工及试验程序。

4. 试验标准

DL/T 840—2016《高压并联电容器使用技术条件》6.2.2条。

5. 试验方法

采用2500 V绝缘电阻表测量,绝缘电阻应大于2500 MΩ。

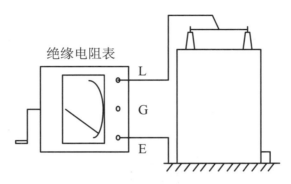

图3-1　测试接线示意图

电容器测试接线示意如图3-1所示。测试前,对待试电容器充分放电并接地。拆除待试电容器所有接线和外部保险丝,电容器外壳需可靠接地。测试前先检查绝缘电阻表是否正常,随后摇动摇表,读取1 min或稳定后的电容器双极对地的绝缘电阻值。读取数据后断开L端与电容器的连接线,停止或关断绝缘电阻表。使用放电棒对电容器充分放电并接地,恢复电容器接线。

6. 测试注意事项

(1)经检查确认无误,绝缘电阻表到达额定输出电压后,待读数稳定或1 min后,读取绝缘电阻值,并记录。

(2)检查绝缘电阻表是否正常,并选择被试设备相应的测量电压档位。

7. 测试结果分析及测试报告编写

(1)测试结果分析。绝缘电阻应大于2500 MΩ。

(2)测试报告编写。测试报告填写应包括测试样品编号、测试时间、测试人员、天气情况、环境温度、湿度、测试地点、电容器参数、测试结果、测试结论,以及测试设备的名称、型号、出厂编号,备注栏写明其他需要注意的内容。

8. 绝缘电阻试验拓展介绍

(1)绝缘电阻表的结构及工作原理。

① 手摇式绝缘电阻表。

手摇式绝缘电阻表内部结构主要由两部分组成。电源为手摇发电机,测量机构是磁电式流比计。驱动发电机的转轴,屏蔽表面泄漏出的电压,经整流后加至电流回路和电压回路的两个并联电路上。磁电式流比计处于不均匀磁场中,使指针旋转,指针的偏转与并联电路中电流的比值有关,电流的比值与电阻值成反比关系,因此偏转角α反映了被测绝缘电阻值的大小。

② 数字式绝缘电阻表。

数字式绝缘电阻表(图3-2)是将直流电源变频产生直流高压,通过程序控制使各种绝缘测试可由菜单选择自动进行。其测试电压大多可在500 V到5000 V内选择;试验电流为2 mA和5 mA等;测量范围比手摇式绝缘电阻表广,显示直观准确。大容量设备常需要进行吸收比或极化指数试验,采用数字式绝缘电阻表测量较其他结构绝缘电阻表简单易行,因此目前在电力系统广泛应用。

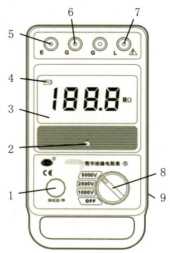

1.测试启、停　　2.高压指示灯　　3.液晶显示器
4.欠压指示　　　5.E端(接地)　　6.G端(保护环)
7.L端(线路)　　8.选择开关　　　9.电池盒(背面)

图3-2　数字式绝缘电阻表

(2)绝缘电阻表的试验接线。

常见的绝缘电阻表一般有三个接线端子,分别是线路端子L、地端子E、屏蔽端子G。绝缘电阻表的线路端子L接于被试设备的高压导体上;地端子E接于被试设备的外壳或地上;屏蔽端子G接于被试设备的屏蔽环,以消除表面泄漏电流的影响。

(3)测试意义。

测量电气设备的绝缘电阻和吸收比及极化指数,可有效检测出绝缘是否有贯通的集中性缺陷,是否整体受潮或贯通性受潮等。应当指出,只有当绝缘缺陷贯通于两极之间时,绝缘电阻测量才比较灵敏。若绝缘只存在局部缺陷,而两极间仍保持有部分良好绝缘,绝缘电阻很少下降或没有变化,测量绝缘电阻试验便不能发现此类缺陷。

（4）影响绝缘电阻的因素。

① 湿度的影响。

湿度对绝缘表面泄漏电流影响很大。它能使绝缘表面吸附潮气、瓷质表面形成水膜,常使绝缘电阻显著降低。此外,还有一些绝缘材料有毛细血管作用,当空气湿度较大时,会吸收较多的水分,增加了电导率,也使绝缘电阻降低。

② 温度的影响。

温度对绝缘电阻的影响很大,一般绝缘物的绝缘电阻随温度升高而减小。为便于比较,对同一设备尽可能在相近温度下进行,以减小因温度换算带来的误差。

③ 被试设备剩余电荷的影响。

绝缘电阻测量完毕后,应对被试品充分放电,以将剩余电荷放尽,否则由于剩余电荷的存在会使测量数据虚假地增大或减小。

（5）试验结果的分析判断。

① 所测得的绝缘电阻值应符合规程规定值。

② 将绝缘电阻值换算至同一温度后,与出厂、交接、历年、大修前后和耐压前后的数值进行比较;与同型设备、同一设备比较,绝缘电阻试验结果不应有明显的降低或较大差异,否则应引起注意。

3.3.3 密封试验

1. 试验目的

密封性能是保证电容器内的浸渍剂不向外渗漏,外部的空气和潮气不进入电容器内部,介质性能不过早劣化的重要特性。

2. 危险点分析及控制措施

电容器的密封性能通常用热烘捡漏的方法进行。先在试品的焊接或结合处涂上泄漏的指示剂(如白土和水的混合物),放入环境试验设备中按规定加热,然后检验指示剂上是否有油迹,以此来判断电容器是否密封。因此这项试验主要涉及两点:一是防止工作人员触电,在拆、接试验接线前,应将样品对地充分放电,以防止剩余电荷、感应电压伤人及影响测量结果;二是防止高温伤人,防止环境试验设备中的电容器高温辐射能量伤人。

3. 测试前的准备工作

（1）了解被试样品的基本参数和出厂资料。

（2）样品准备,选择合适的环境试验设备,设定合理的上限温度和加热程序。

（3）做好试验现场安全和技术措施。

4. 试验标准

GB/T 11024.1—2019《标称电压1000 V以上交流电力系统用并联电容器 第1部分:总则》第12章。

DL/T 840—2016《高压并联电容器使用技术条件》6.2.3条。

为了保证电容器在各种运行条件下（包括极限条件下，例如在环境上限温度，并有强烈、持续的日照，以及允许的最高过负荷情况下），各个部分均不出现渗漏，电力行业标准相对于国家标准作出了更为严苛的要求。

5．试验方法

GB/T 11024.1—2019《标称电压1000 V以上交流电力系统用并联电容器 第1部分：总则》第12章规定，若制造方没有规定试验程序，则试验应按下述程序进行：将未通电的电容器单元通体加热至少2 h，使各个部位均达到不低于表1所列对应代号最高值加20 ℃的温度，不应发生渗漏。建议使用适当的指示剂。

DL/T 840—2016《高压并联电容器使用技术条件》6.2.3条：在75～80 ℃下，连续4 h将未通电的电容器进行加热，电容器温度变化应小于1 K。或用真空法保持8 h，应无渗漏油现象。

（1）操作前保证本体各部件活动良好、试品连接正确。

（2）待试品入箱后，关好双门、上锁。

（3）设定环境温度、风机加热器启停温度和频率。

（4）电源接通后，鼓风机开始运转，约数分钟后，高电压加热系统开始进入升温状态，到达设定所需要的温度后，温箱进入恒温状态，待进入降温状态后鼓风机停止工作，开锁后可立即开门。

（5）记录好试验数据，对试验数据进行统计整理，判定试验结果。

（6）参数设置对话框中的扩展设置，仅供现场调试人员调试设备使用，非调试人员不得修改。

6．测试注意事项

对环境影响试验设备应做到正确使用。环境影响试验设备在高压并联电容器试验过程中多次用到，该设备的几个关键参数：温度范围（空载时）、温度均匀度（空载时）、温度波动度（空载时）、温度偏差、降温速度、升温速度等需要予以关注。不同类型的环境试验设备送风模式和风速类型影响试验过程中试品的升温速度。

7．测试结果分析及测试报告编写

（1）测试结果分析。应无渗漏油现象。

（2）测试报告编写。测试报告填写应包括测试样品编号、测试时间、测试人员、天气情况、环境温度、湿度、测试地点、电容器参数、测试结果、测试结论，以及测试设备的名称、型号、出厂编号，备注栏写明其他需要注意的内容。

3.3.4 电容初测

1. 试验目的

电容测量分为初测和复测两个程序。初测是在其他电气试验之前进行的电容测量,目的是为了揭示其他电气试验之后是否有诸如元件击穿或内熔丝动作所导致的电容变化。

2. 危险点分析及控制措施

防止工作人员触电。在拆、接试验接线前,应将被试设备对地充分放电,以防止剩余电荷、感应电压伤人及影响测量结果。试验接线应正确、牢固,试验人员应精力集中。注意被试品应与其他设备有足够的安全距离,必要时应采取加绝缘板等安全措施。

3. 测试前的准备工作

(1)了解被试样品的基本参数和出厂资料。

(2)测试仪器、样品准备。选择合适的测量工具,测量工具的检定证书应在有效期内。

(3)做好试验现场安全和技术措施。向其余试验人员交代工作内容,明确人员分工及试验程序。

4. 试验标准

DL/T 840—2016《高压并联电容器使用技术条件》6.2.4条。

5. 试验方法

在电容器耐压试验前进行,可采用电容表或电桥法测量,如图3-3所示。

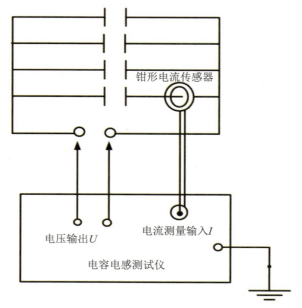

图3-3 电容电感测试仪接线示意图

（1）测试前，对待试电容器充分放电并接地。

（2）将测量仪器的电压输出测试线连接到电容器两个套管上。将钳形电流传感器套在被测试的单台电容器的套管处。

（3）检查试验接线正确后，拆除待试电容器接地线。

（4）合上仪器电源，按仪器操作手册进行测量。

（5）完成试验记录，对待试电容器进行放电并接地，拆除试验接线。

6. 测试注意事项

（1）所用的仪器、仪表是否与检验仪器、设备表所列的相符。当需改变时，应注意其量程、准确度、电压等级等是否符合试验要求。

（2）如使用 2877 型高压电桥进行电容测量、$\tan\delta$ 测量等工作时，应注意所用的分流器的分流电阻是否符合要求，所用的电流互感器的变比是否合适，必须防止过电流，以免烧毁仪器而造成事故。要检查电桥的屏蔽是否正确、良好。

（3）当发现检测数据超差时，应反复检查试验回路是否正确，仪器的工作是否正常。

（4）在检测过程中，某些参数（如电容量、$\tan\delta$ 等）经多次测量时，若发现其检测数据重复性较差，应查明原因。

7. 测试结果分析及测试报告编写

（1）测试结果分析。电容器单元的实测电容值与额定值之差不应超过额定值的 −3%～+5%。（DL/T 840—2016）

电容与额定电容的偏差不应超过：对于电容器单元，−5%～+5%；对于总容量在 3 Mvar 及以下的电容器组，−5%～+5%；对于总容量在 3 Mvar 以上的电容器组，0～+5%。（GB/T 11024.1—2019）

（2）测试报告编写。测试报告填写应包括测试样品编号、测试时间、测试人员、天气情况、环境温度、湿度、测试地点、电容器参数、测试结果、测试结论，以及测试设备的名称、型号、出厂编号，备注栏写明其他需要注意的内容。

8. LCR 测试仪拓展介绍

（1）简介。

LCR 测试仪能准确并稳定地测定各种各样的元件参数，主要是用来测试电感、电容、电阻的测试仪。它具有功能直接、操作简便等特点，能以较低的预算来保证生产线质量，满足进货检验、电子维修业对器件的测试要求。

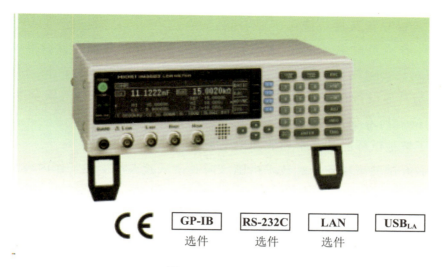

CE	GP-IB 选件	RS-232C 选件	LAN 选件	USB$_{LA}$

图3-4　LCR测试仪

（2）使用步骤。

LCR测试仪一般用于测试电感和电容。测量步骤如下：

① 设置测试频率。

② 测试电压或者电流水平。

③ 选择测试参数，如Z、Q、LS（串联电感）、LP（并联电感）、CS（串联电容）、CP（并联电容）、D等。

④ 仪器校准，主要进行开路、短路校准，高档的仪器要进行负载校准。

⑤ 选择测试夹具。

⑥ 夹具补偿。

⑦ 将DUT放在夹具上开始测试。

3.3.5　极间交流耐压试验

1. 试验目的

极间交流耐压实验又称端子间电压试验，是规定和考核电容器端子间绝缘承受电压能力的指标，施加电压时间是10 s。

交流耐压试验的电压、波形、频率和被测试品的绝缘内电压分布，一般与实际运行情况吻合，因而能够有效地发现绝缘缺陷。对电容器介质来说，交流耐压试验会使原来存在的绝缘缺陷进一步发展，使绝缘强度进一步下降，虽在耐压时不至于击穿，但形成了绝缘劣化的积累效应、创伤效应，这种情况应尽可能避免。因此，必须正确地选择试验电压的标准和时间。试验电压越高，发现绝缘缺陷的有效性越高，但被测样品被击穿的可能性也越大，积累效应也越严重。反之，试验电压越低，发现缺陷的有效性越低，使设备在运行中击穿的可能性也越大。

第3章 高压并联电容器试验

2. 危险点分析及控制措施

防止工作人员触电。在拆、接试验接线前,应将样品对地充分放电,以防止剩余电荷伤人及影响测量结果。试验接线应正确、牢固,试验人员应精力集中,注意被试品应与其他设备有足够的安全距离,必要时应采取加绝缘板等安全措施。

3. 测试前的准备工作

(1) 了解被试样品的基本参数和出厂资料。

(2) 做好试验现场安全和技术措施。向其余试验人员交代工作内容,明确人员分工及试验程序。

4. 试验标准

GB/T 11024.1—2019《标称电压 1000 V 以上交流电力系统用并联电容器 第 1 部分:总则》第 9 章。

DL/T 840—2016《高压并联电容器使用技术条件》6.2.5 条。

有研究认为,在对全膜介质、内部无放电电阻的电容器进行端子间电压试验时,直流与交流的电压分布是不同的,直流试验和交流试验并不等效。电力行业标准仅规定了交流试验的耐压方法。

5. 试验方法

GB/T 11024.1—2019《标称电压 1000 V 以上交流电力系统用并联电容器 第 1 部分:总则》第 9 章:分为交流电压和直流电压试验。其中,交流试验电压值为 2 倍额定电压,历时 10 s;直流试验电压值为 4 倍额定电压,历时 10 s。

DL/T 840—2016《高压并联电容器使用技术条件》6.2.5 条:按照 GB/T 16927.1—2011 规定,在电容器极间施加工频交流电压(图 3-5),试验电压值为 2.15 倍额定电压,历时 10 s。

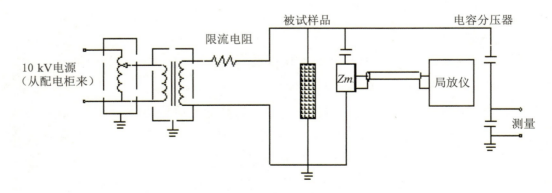

图 3-5　工频耐压试验系统示意图

6. 测试注意事项

对样品施加电压时,应当从足够低的数值开始,以防操作瞬变过程造成过电压的影响;然后缓慢地升高电压,以便准确读数,但也不宜升得过慢,以免造成接近试验时耐压时间过长。

试验前,应根据样品的电容量及试验电压估算试验电流大小,判断试验变压器的容量是否满足要求,并考虑过电流保护的整定值。

交流耐压试验时严密监视仪表的指示,同时注意声音的变化及异常,以便根据仪表指示、放电声音、被测样品的绝缘结构等,以及实践经验来综合分析样品是否合格。

7. 测试结果分析及测试报告编写

(1)测试结果分析。试验中不应发生击穿和闪络现象。

(2)测试报告编写。测试报告填写应包括测试样品编号、测试时间、测试人员、天气情况、环境温度、湿度、测试地点、电容器参数、测试电压、耐压时长、测试结论,以及测试设备的名称、型号、出厂编号,备注栏写明其他需要注意的内容。

8. 交流耐压试验技术拓展介绍

(1)工频交流耐压试验分析。

工频交流耐压试验中,被试设备在试验电压下未被击穿,则认为耐压试验合格,否则判定被试设备不合格。

① 表计判断。

一般情况下,若电流表计指示突然上升,则表明被试设备击穿,在试验中也有被试设备被击穿时,试验回路的电流不变,甚至减小的情况。

② 控制回路判断。

如果过流继电器整定适当(一般整定为试验变压器额定电流的1.3～1.5倍),过流继电器动作使电源开关断开,则表明被试设备可能已被击穿。

③ 异常情况判断。

被试设备在进行试验过程中,发生击穿、冒烟、有气味等现象,如果确定这些现象是设备内部发生的,则认为是被试设备有绝缘缺陷或已击穿。

(2)工频交流耐压的注意事项。

① 试验中应严格执行规程中所规定的试验电压数值大小。

② 在升压过程中如果发现电压表摆动大,或电流表指示电流急剧上升,绝缘有烧焦或冒烟以及被试设备发生异常声响等不正常现象,应立刻降压,断开电源刀闸,停止试验,并查明原因。

③ 被试品为有机绝缘材料时,试验后应立即触摸,如出现普遍或局部发热,则认为绝缘不良,应处理后再进行试验。

④ 对于夹层绝缘或有机绝缘材料的设备,如果耐压试验后的绝缘电阻比耐压

前下降30%以上,则该设备不合格。对于纯瓷绝缘或表面以瓷绝缘为主的设备,易受当时气候条件的影响,可酌情处理。

⑤ 在试验过程中,因空气湿度、温度或表面脏污等的影响,仅引起表面滑闪放电或空气放电,则不应认为不合格。在经过清洁、干燥处理后,再次进行试验,若并非外界因素的影响,而是由于瓷件表面釉层绝缘损伤、老化等引起的,则应认为不合格。

⑥ 升压必须从零电压开始,不可冲击合闸。升压电压在75%试验电压以前可快速匀速升压,其后应以每秒2%试验电压的速度升压。

⑦ 耐压试验前后应测量被试设备的绝缘电阻。

(3)串联谐振耐压的优点。

谐振耐压试验方法是通过改变试验系统的电感量、电容量和试验频率,使回路处于谐振状态,这样试验回路中试品上的大部分容性电流与电抗器上的感性电流相抵消,电源供给的能量仅为回路中消耗的有功功率,为试品容量的$1/Q$(Q为系统的谐振因数)。因此试验电源的容量降低,重量大大减轻。

变频串联谐振耐压试验是利用电抗器的电感与被试品的电容实现谐振,在被试品上获得高电压是当前高电压试验比较成熟的方法,在国内外已经得到广泛的应用。变频串联谐振是谐振式电流滤波电路,能改善电源波形畸变,获得较好的正弦电压波形,有效防止谐波峰值对被试品误击穿。变频串联谐振工作在谐振状态,当被试品的绝缘点被击穿时,电流立即脱谐,回路电流迅速下降。发生闪络击穿时,因失去谐振条件,除短路电流立即下降外,高电压也立即消失,电弧即可熄灭。其恢复电压的再建立过程很长,很容易再次达到闪络电压断开电源,因此该试验适用于高电压、大容量电力设备的绝缘耐压试验。

3.3.6 极对壳交流耐压试验

1. 试验目的

极对壳交流耐压试验又称端子与外壳间交流电压试验,其目的是规定和考核电容器端子间绝缘耐受能力。绝缘水平的选取应考虑到电网结构及过电压水平、过电压保护装置的配置及其性能、可接受的绝缘故障率等。

2. 危险点分析及控制措施

为防止工作人员触电,在拆、接试验接线前,应将样品对地充分放电,以防止剩余电荷及影响测量结果。试验接线应正确、牢固,试验人员应精力集中,注意被试样品应与其他设备有足够的安全距离,必要时应采取加绝缘板等安全措施。

3. 测试前的准备工作

(1)了解被试样品的基本参数和出厂资料。

(2)做好试验现场安全和技术措施。向其余试验人员交代工作内容,明确人员分工及试验程序。

4. 试验标准

DL/T 840—2016《高压并联电容器使用技术条件》6.2.6条。

5. 试验方法

按照GB/T 16927.1—2011规定,在电容器端子与外壳间施加工频交流电压,试验电压值按表3-1执行,历时1 min。型式试验时,对户外使用的单位在淋雨条件下进行。在淋雨条件下进行试验时,套管的位置应与运行时的位置相一致。

表3-1 试验电压值

系统标称电压 (方均根值) (kV)	电容器额定电压 (kV)	工频耐受电压	
		干式 (kV)	湿式 (kV)
6	$6.3/\sqrt{3}$,$6.6/\sqrt{3}$,$7.2/\sqrt{3}$	25	25
10	$10.5/\sqrt{3}$,$11/\sqrt{3}$,$12/\sqrt{3}$,$11/2$ $12/2$,11,12	42(35)	35
20	$21/2$,$23/2$,20,21,22,24	65(50)	50
35	$39/\sqrt{3}$,$42/\sqrt{3}$,39,42	95	80

注:括号内数值为中性点经电阻接地系统的值。

6. 测试注意事项

对样品施加电压时,应当从足够低的数值开始,以防操作瞬变过程引起过电压;然后缓慢地升高电压,以便准确读数,但也不宜升得过慢,以免造成接近试验时耐压时间过长。

试验前,应根据样品的电容量及试验电压估算试验电流大小,判断试验变压器的容量是否满足要求,并考虑过电流保护的整定值。

交流耐压试验时严密监视仪表的指示,同时注意声音的变化及异常,以便根据仪表指示、放电声音、被测样品的绝缘结构等,以及实践经验来综合分析样品是否合格。

7. 测试结果分析及测试报告编写

(1)测试结果分析。试验中应不发生击穿和闪络。

(2)测试报告编写。测试报告填写应包括测试样品编号、测试时间、测试人员、天气情况、环境温度、湿度、测试地点、电容器参数、测试电压、耐压时长、测试结论,以及测试设备的名称、型号、出厂编号,备注栏写明其他需要注意的内容。

3.3.7 局部放电测量

1. 试验目的

局部放电性能是设计制造电容器,特别是全膜电容器应考虑的重点,通过对局部放电的测量,可以判断设计是否合理,工艺是否良好。在电场作用下,导体间绝缘只有部分区域发生放电,而没有发生贯穿性放电,即尚未击穿,这种现象称为局部放电。局部放电可能发生在绝缘介质内、绝缘层之间或绝缘层与电极之间的气泡中,也可能发生在极板边缘、金属件表面尖锐点或杂质等电场集中处。局部放电虽然能量不大,但会使得电介质性能较快劣化,导致绝缘的击穿。

本试验项目主要测得的电容器局部放电评定参数是局部放电量。局部放电量的可测参量为视在放电量,在测量电压下视在放电量不超过某一数值为合格,或规定在测量电压下一定时间内视在放电量不变大就为合格。

2. 危险点分析及控制措施

局部放电背景噪声是由干扰决定的,严重的干扰信号可使得局部放电测量无法进行,因此除了做好常规高压试验的危险点防范措施外,局部放电测量中识别与排除干扰是十分重要的。在实验室测试时可参考的控制措施如下:

(1)应尽可能使试验回路的接地与试验电源励磁控制回路的接地之间隔离,切断干扰窜入的途径。

(2)根据局放实测灵敏度与背景噪声影响,设置局放仪的测量频带。

(3)应对邻近物品及加压导线进行合理布置,防止高电压对周围设施及邻近物体的放电。

(4)测量回路一点接地,防止地线环流产生干扰。

(5)试验设备的布置应尽量简洁、整齐,间隔距离应足够远。

3. 测试前的准备工作

(1)了解被试样品的基本参数和出厂资料。

(2)做好试验现场安全和技术措施。向其余试验人员交代工作内容,明确人员分工。

(3)做好试验方案的制定,确定试验电压和加压程序。

4. 试验标准

DL/T 840—2016《高压并联电容器使用技术条件》6.2.7条。

局部放电的测量方法有两类:一类为电测法,另一类为声测法。电测法中广泛采用的是脉冲电流法,其基本原理是:发生一次局部放电时,试品两端会产生一个瞬时的电压变化,此时经过一耦合电容器耦合到检测阻抗上,回路中便产生一脉冲电流。对此脉冲电流在阻抗上产生的脉冲电压予以采集、放大和显示等处理,就可测得局部放电的一些基本量。

目前,电力电容器行业还普遍采用声测法,即通过检测电容器局部放电产生的声波,来判别电容器的局部放电性能。采用声测法检测电容器局部放电的优点是:灵敏度不随试品电容改变而变化;信号由光缆传输,抗干扰能力强;可降低对试验装置局部放电水平的要求,在实验室和现场试验中使用比较方便。缺点是声波在电容器外壳上用探头检测,传送到电容器壳壁上的声波信号的强弱受局部放电发生的部位、电容器内部结构、声波传输途径的构成材料及检测探头安放的位置等因素影响很多,不易定量。

5. 试验方法

DL/T 840—2016《高压并联电容器使用技术条件》6.2.7条。

试验在常温下进行,测量探头黏贴在电容器两大面,取两探头中的测量高值作为局部放电量,如图3-6、图3-7所示。

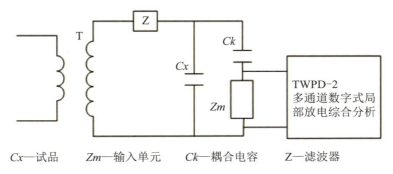

Cx—试品　　Zm—输入单元　　Ck—耦合电容　　Z—滤波器

图3-6　局部检测基本回图(串联法)

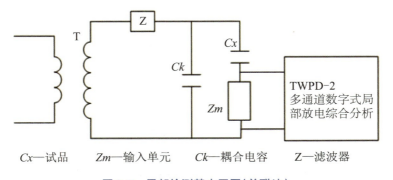

Cx—试品　　Zm—输入单元　　Ck—耦合电容　　Z—滤波器

图3-7　局部检测基本回图(并联法)

进行型式试验时,在电容器单元极间加压至局部放电起始后历时1 s,降压至1.35倍额定电压保持10 min,然后升压至1.6倍额定电压保持10 min,在最后1 min内不应观察到局部放电水平增加,记录此时的局部放电量,其值不应大于50 pC。

进行例行试验时,在电容器单元极间加压至2.15倍额定电压保持1 s,将电压降到1.2倍额定电压并保持1 min,然后再将电压升到1.5倍额定电压保持1 min,记录此时的局部放电量,其值不应大于50 pC。

下面,结合局部放电检测仪器重点介绍下试验过程中信号连接测试和校准的操作步骤。

测试前,应做好局部放电检测仪的通道声信号的连接。

(1)用50 Ω同轴电缆将仪器信号输入的一个通道和光电转换放大器的输出端连接。

(2)光电转换放大器的指试灯亮(仪器通电后),表示工作正常;若不亮,则需关闭仪器下部电源开关,几秒钟后再打开即可。

(3)用光缆将超声探测器连至光电转换放大器的输入端,并将超声探测器的前端涂一层黄油,贴在被试品的箱壁上。贴的时候应使超声探测器前端边缘部分先接触到被测试品,然后慢慢将超声探测器整个贴在箱壁上;因为超声探测器的前端有较强的磁性,直接正向接触容易因吸力形成撞击而损坏探头。

(4)将超声探测器的开关拨到开的位置,看到指示灯亮即可。

仪器在安装完成后的每次试验前,都必须先进行校正,只有这样才能获得准确的测试结果。校准的过程如下:

(1)将校准脉冲发生器连接到被测试产品两端,从"当前通道"框中选择需要校正的通道。

(2)根据施加在被测试产品两端的已知电荷量,在"校正电量"内输入需要校准的pC值(应与校准脉冲发生器选择的数值相等,默认值为500 pC)。

(3)按"开始校正"按钮,校正自动进行。

(4)持续5~6 s后,按"存校正值"按钮,保存所选择通道的校准结果。重复上述过程校准其余通道。

6. 测试注意事项

在施加电压的前后,应记录所有测量通道的背景噪声水平。在用超声法测量电容器单元局部放电量时,至少选取双通道局放测量仪器,两个测量端同时进行监测。在进行电容器局部放电测量时,要确保监测探头与电容器外壳的紧密可靠贴合,防止在试验中出现滑落等情况,影响测试数据。

7. 测试结果分析及测试报告编写

(1)测试结果分析。局部放电量不应超过50 pC。

(2)测试报告编写。测试报告填写应包括测试样品编号、测试时间、测试人员、天气情况、环境温度、湿度、测试地点、电容器参数、测试电压、局放量、测试结论、测试设备的名称、型号、出厂编号,备注栏写明其他需要注意的内容。

8. 局部放电综合测试仪拓展介绍

(1) 局放测量系统。

在电容器试验项目中,关于局部放电的三个测试项目均使用到局部放电测试仪,对局部放电测试仪的功能了解和熟练使用,也是正确开展局放试验的关键因素。经过仪器技术的发展和创新,采用全新技术的数字化局放测量分析仪器已经成为各大实验室和检测机构的主要选择。采用现代电子和计算机综合技术,实现信号放大、滤波、数据采集、数据处理、图形显示、试验报告自动生成等,从而完成局部放电的测量和在线监测等。

图3-8 局部放电测量系统组成

局部放电测量系统一般由四部分组成:测量仪器、耦合装置、校准装置和传输系统(连接电缆或光纤),如图3-8所示。局部放电测量仪的耦合装置是测量系统和试验回路的主要组成部分,其组件是针对特定的试验回路为达到最佳效果、最佳灵敏度而专门设计的。输入单元是测量系统与测试回路的主要组成部分,针对特定的试验回路或试品,为达到最佳的灵敏度而专门设计的。根据试品电容量的大小,为了配合试品电容的变化,以最佳灵敏度进行测量,输入单元分为十五种独立的输入单元,其中第十三种为长电缆测量专用输入单元、第十四种为RIV测量专用输入单元、第十五种为大电容器测量专用输入单元。

局放抗干扰接收天线集电磁波接收天线和信号调理电路于一体,可用于高压电气设备的局部放电试验和巡检,可以接收来自空间的电磁干扰。局放抗干扰接收天线的测量频带为20 kHz～20 MHz。同轴电缆,采用实芯聚乙烯绝缘射频同轴电缆,一般长度为10～15 m,两端配502直形BNC插头,分别与探测器和局部放电测量主系统的BNC插座相连接。

(2) 抗干扰功能使用。

在现场测量试品的局部放电时,干扰信号的串入是不可避免的,如果干扰信号的幅度大于放电信号的幅度,将不能测出放电的量值。针对现场干扰强这一特点,局放仪增加了如下的若干种抗干扰措施(抗干扰操作之前都首先从"当前通道"框中选择要测试的通道)。

① 滤波抗干扰。

在加压之前,如波形显示框中有较强干扰,按"波形暂停"按钮,使光标指向波形较强线处。右击鼠标,在弹出的"波形详窗"窗口,适当调整右下部的滚动条,使干扰波形处于窗口内。按"频域"按钮,在"频域"窗口内显示频域波形和主要干扰的频率值,比如:显示290 kHz。按"退出"按钮,返回主窗口。在高频处,选择200 kHz,这样可以将大于200 kHz的干扰滤除。如果上述方式不能有效滤除干扰,可再选择"数字滤波",以便进一步消除干扰。注:低频、高频的波段范围,在校正和运行时应保持一致,否则数据不准确。

② 抗静态干扰。

在加压之前,如波形显示框中有较强干扰,并且波形的相位基本固定,则可采取静态抗干扰方式。

按"波形暂停"按钮,框选中较低的背景噪声波形处,将波形窗口上方显示的pC值输入到"抗静态干扰"的"上阈"内,按测试按钮,几秒钟后再按该按钮保存即可。运行过程中可以按"抗静态干扰"的"有效"按钮以消除静态干扰,再按此按钮恢复静态干扰的显示。

抗静态干扰按钮可在多个通道同时生效,各个通道的阈值可能不同,需要逐个测试(如通道为天线通道,则对天线通道无影响)。

③ 抗动态干扰。

在试验中,如果随时有很强的动态干扰(包括其他设备的放电)影响局放测量pC读数时,只要在"抗动态干扰"的"下阈"框中输入大于背景噪声的pC值,在"抗动态干扰"的"上阈"框中输入小于干扰的pC值,按下"抗动态干扰"中"动态有效"按钮,即可去掉欲屏蔽的动态较大的干扰和较小背景噪声,同时保留中间部分的放电信号。如果按下"动态无效"按钮,可恢复干扰的对照显示。阈值可根据干扰的具体情况随时修改,以使读数更为准确。如果"下阈"框中输入0,则不去除较小的背景噪声,可比较真实反映现场情况。

抗动态干扰按钮可在多个通道同时生效,各个通道的阈值可能不同,需要逐个测试(如通道为天线通道,则对天线通道无影响)。

④ 天线门控抗干扰。

试验现场,各种无线电波以及其他设备产生的放电,都属于外部干扰,如果它们影响到试验时,就应该采取抗天线门控干扰的措施。首先将某个通道接入天线,使用鼠标左键按下拖拉出红色框,框住信号比较小的部分(大于该值为干扰),读出pC值后,输入到"抗动态干扰"上阈编辑框中。在试验中,当天线通道是当前通道时,只要按下"天线关门"按钮,即可利用天线通道的干扰信号屏蔽其他通道的相同相位的干扰。

当两个通道信号之间产生变异,可通过相移(±360 ℃)和群宽(±360 ℃,0 ℃

不加宽)来调整相位和宽度,以便消除空间干扰(注:各通道的相移和群宽可能不一致,需要单独设置),方法是:右击某一通道画面上的干扰处,在详查画面右下的滚动条处得到其相位度数,同理得到另一通道的相位度数,两者之差值输入到干扰相移框内,并适当修改干扰相移和干扰群宽的值。按下"天线1无效"或"天线2无效"按钮,可恢复干扰的对照显示。

⑤ 极性判别抗干扰。

(a)原理。外部干扰由引线串入变压器内部,其传输回路分别经过套管接地线和铁心接地线汇入大地,如图3-9中a,b所示两条回路。而变压器内部放电的传输回路可以由放电点经套管地屏、大地、铁心接地到放电点构成回路,如图3-9中c所示回路。所以,外部干扰在套管接地线和铁心接地线上产生的电流极性相同,而变压器内部放电在套管接地线和铁心接地线上产生的电流极性相反。

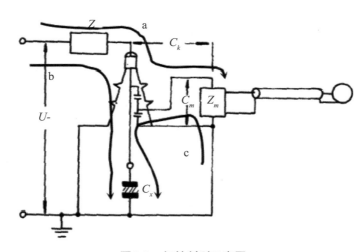

图3-9 极性判别示意图

(b)接线。先按局放测量的接线方法将输入单元的信号接入二、三或四通道,然后从铁心接地线引出一根电缆,面对宽频带电流互感器有文字的正面圆形孔中将电缆穿入,从背面穿出之后接到地线上,用同轴电缆把"宽频带电流互感器"耦合过来的信号接到局放仪的一通道即可。

(c)操作方法。在注入方波校准时,利用波形详查功能观察两个通道同相位的方波信号的极性。如果相同,则将主窗口屏幕右下方的触发电平设为正值或等于0;如果相反,则将触发电平设为负值;测量时,将稍微大于1通道的背景值输入到抗动态干扰的上阈框内,然后按下"极性关门"按钮,其余通道自动根据极性来判别是否去除,从而读出正确的放电量。

⑥ 智能识别消除干扰。

在试验中,如果随时有很强的动态干扰影响pC读数,这时只要在抗动态干扰栏中的上阈编辑框中输入大于背景噪声的pC值,按下"抗动态干扰"栏中"智能识别"按钮即可去掉欲屏蔽的动态干扰,同时保留放电信号。如果按下"取消识别"按钮,可恢复干扰的对照显示。阈值可根据干扰的具体情况随时修改,以使读数更为准确。智能识别按钮可在多个通道同时生效,尽管它们的阈值可能不同(如通道为天线通道,则对天线通道无影响)。

在识别过程中,建议使用滤波段40~300 kHz范围之外或不滤波,则效果比较好。如果选取更窄的滤波段,则在滤去很多干扰的同时也将放电滤成和干扰相差无几的波段,从而造成识别错误,这点务必引起注意。

⑦ 框选去干扰。

使用上面两种方法,仍有部分干扰不能去除,这时可以使用框选的方法。按住鼠标左键拉出方框,框住有效的放电信号,此时实际的放电值就显示在通道顶端的显示框中。

⑧ 详察去干扰。

如果以上方法均不能完全去除显著干扰,则可通过右击画面进入详查窗口,观察详细波形状况,以便获取真实放电情况及放电量。具体可参见前面波形详察介绍。

(3)仪器使用与维护。

① 多通道数字式局部放电综合分析仪在使用时必须保证可靠接地。

② 多通道数字式局部放电综合分析仪在使用或存储、运输过程中,不得受雨水侵袭和跌落,保持在通风干燥的环境中存放和使用。

③ 使用TWPD—2E进行局放测量时,操作者与被测试设备之间应保持足够的安全距离,与试验无关人员自行撤离出测试区。

④ 仪器在工作状态下,不允许对其进行任何形式的内部调整、拆卸和维修。

⑤ 当以下情况发生时,仪器的测量功能将失效:损坏、在不正常的状态下工作很长一段时间在运输过程中发生损坏。

⑥ 现场不具备测试条件或操作人员不严格遵守安全规定,禁止进行局放测试。

⑦ 多通道数字式局部放电综合分析仪发生故障后不能正常使用时,须由专业生产厂的专业技术人员负责处理。

(4)局部放电试验回路简介。

高压电器设备局部放电测量的加压方式,分为直接加压和感应加压两种,试验电压及频率需根据设备相关试验标准确定。

① 单相变压器局部放电测试回路。

图3-10、图3-11为单相变压器局部放电直接加压测试回路,这种测试回路多用在变压器绕组首、末端绝缘水平相同的小型变压器中,它只能检查主绝缘,不能检查纵绝缘。

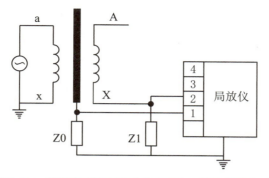

图 3-10　单相变压器局部放电直接加压测试回路（一）

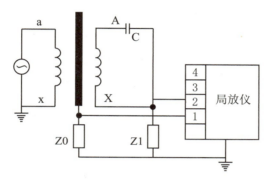

图 3-11　单相变压器局部放电直接加压测试回路（二）

　　图 3-12、图 3-13 为单相变压器局部放电感应加压测试回路，这种测试回路不仅能检查变压器的主绝缘，也能检查变压器的纵绝缘。

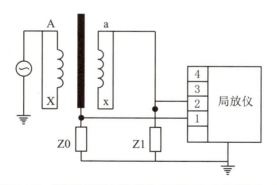

图 3-12　单相变压器局部放电感应加压测试回路（一）

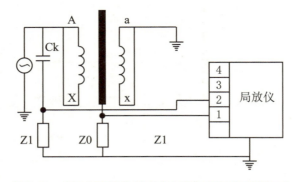

图 3-13　单相变压器局部放电感应加压测试回路(二)

图 3-14 为 GIS 局部放电测试回路。

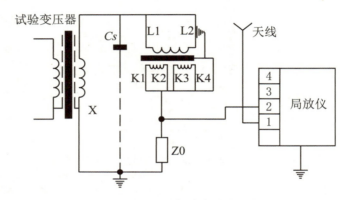

图 3-14　GIS局部放电测试回路

3.3.8　低温下局部放电试验

1. 试验目的

考核电容器在极端低温条件下,各种稳态运行情况下局部放电熄灭能力。

2. 危险点分析及控制措施

防止工作人员触电。在拆、接试验接线前,应将被试设备对地充分放电,以防止剩余电荷、感应电压伤人及影响测量结果。试验接线应正确、牢固,试验人员应精力集中,注意被试样品应与其他设备有足够的安全距离,必要时应采取加绝缘板等安全措施。防止冷却条件下试验人员冻伤。

3. 测试前的准备工作

(1) 了解被试样品的基本参数和出厂资料,特别是要记录电容器样品的温度类别。

(2) 做好试验现场安全和技术措施。向其余试验人员交代工作内容,明确人员分工及试验程序。

4. 试验标准

DL/T 840—2016《高压并联电容器使用技术条件》6.2.8条。

5. 试验方法

将电容器置于相应温度类别下的环境中并保持24 h,在电容器单元极间加压至局部放电起始后历时1 s,降压至局部放电熄灭,局部放电熄灭电压不应低于1.2倍额定电压。

6. 测试注意事项

在施加电压的前后,应记录所有测量通道的背景噪声水平。在用超声法测量电容器单元局部放电量时,至少选取双通道局放测量仪器,两个测量端同时进行监测。在进行电容器局部放电测量时,要确保监测探头与电容器外壳的紧密可靠贴合,防止在试验中出现滑落等情况,影响测试数据。

7. 测试结果分析及测试报告编写

(1)测试结果分析。

局部放电熄灭电压不应低于1.2倍额定电压。

(2)测试报告编写。

测试报告填写应包括测试样品编号、测试时间、测试人员、天气情况、环境温度、湿度、测试地点、电容器参数、局部放电熄灭电压值、环境温度类别、测试结论,以及测试设备的名称、型号、出厂编号,备注栏写明其他需要注意的内容。

3.3.9 极对壳局部放电熄灭电压测量

1. 试验目的

在电容器例行试验和型式试验时进行局部放电测量通常有两个目的:一是验证电容器在规定电压下的局部放电量是否在规定限值的范围内;二是测定电容器的局部放电起始电压和熄灭电压。

除了在电容器端子间(即极间)进行局部放电测量外,还要求在端子与外壳(即壳)之间测量局部放电熄灭电压。这是因为极对壳之间是不均匀电场,电场集中的部位易发生局部放电,持续或反复的局部放电会造成电容器极对壳击穿;更有甚者,一相电容器极对壳击穿时产生的弧光接地过电压可能使另一相电容器极对壳绝缘击穿,从而引起相间短路,最后造成电容器爆炸起火。为避免这种严重后果发生,必须避免电容器的极对壳绝缘击穿,也就必须保证在各种稳态运行条件下局部放电能够熄灭。

2. 危险点分析及控制措施

极对壳局部放电熄灭电压试验可在极对壳耐压试验时进行,注意的相关危险点及控制措施也和极对壳耐压试验不尽相同。在拆、接试验接线前,应将被试设备对地充分放电,以防止剩余电荷、感应电压伤人及影响测量结果。试验接线应正确、牢固,试验人员应精力集中,注意被试品应与其他设备有足够的安全距离,必要时应采取加绝缘板等安全措施。

3. 测试前的准备工作

（1）了解被试样品的基本参数和出厂资料,特别是要记录电容器额定电压值。

（2）做好试验现场安全和技术措施。向其余试验人员交代工作内容,明确人员分工及试验程序。

4. 试验标准

DL/T 840—2016《高压并联电容器使用技术条件》6.2.9条。

5. 试验方法

可在极对壳耐压试验时进行。

6. 测试注意事项

在施加电压的前后,应记录所有测量通道的背景噪声水平。在用超声法测量电容器单元局部放电量时,至少选取双通道局放测量仪器,两个测量端同时进行监测。在进行电容器局部放电测量时,要确保监测探头与电容器外壳的紧密可靠贴合,防止在试验中出现滑落等情况,影响测试数据。

7. 测试结果分析及测试报告编写

（1）测试结果分析。极对壳局部放电熄灭电压应满足下列要求:

① 对外壳处于地电位的电容器,不应低于 $1.2 \times 1.1 \times \sqrt{3} \times U_n$。

② 对安装在处于中间电位台架上的电容器,不应低于 $1.2 \times 1.1 \times n \times U_n$, n 为相对于外壳连接电位的最大串联单元数。

（2）测试报告编写。测试报告填写应包括测试样品编号、测试时间、测试人员、天气情况、环境温度、湿度、测试地点、电容器参数、局部放电熄灭电压值、测试结论,以及测试设备的名称、型号、出厂编号,备注栏写明其他需要注意的内容。

3.3.10 损耗角正切值测量

1. 试验目的

损耗是标志电容器介质基本性能和状态的一项重要指标,也能一定程度上反映制造工艺的优劣。另外,内熔丝或放电电阻的接入,也会使电容器损耗增大。

2. 危险点分析及控制措施

按照标准要求,电容器损耗角正切($\tan \delta$)应在 0.9~1.1 倍额定电压下用能排除由谐波引起的误差的方法进行测量,并应给出测量系统的准确度。因此在损耗角正切值测量过程中,要做好测量偏差的控制。

3. 测试前的准备工作

（1）了解被试样品的基本参数和出厂资料,特别是要记录电容器额定电压值和介质类型。

（2）做好试验现场安全和技术措施。向其余试验人员交代工作内容,明确人员分工及试验程序。

4. 试验标准

GB/T 11024.1—2019《标称电压1000 V以上交流电力系统用并联电容器 第1部分:总则》第8章。

DL/T 840—2016《高压并联电容器使用技术条件》6.2.10条。

国标与行标在试验方法上是一致的,但是对试验结果判断要求不同,行标更为严格。

5. 试验方法

GB/T 11024.1—2019《标称电压1000 V以上交流电力系统用并联电容器 第1部分:总则》第8章:电容器损耗角正切应在0.9～1.1倍额定电压下用能排除由谐波引起的误差的方法进行测量。对于多相电容器,应调整测量电压使每一相均能经受0.9～1.1倍的额定电压。浸渍的低损耗电介质在首次赋能的最初数小时内,其损耗角正切值会减小,这种减小与介质损耗随温度变化不相关。例行试验时,在同时制造的完全相同的单元之间测得的介质损耗可能有较大差异。但是,最后的"稳定值"通常是在一个狭小的范围之内,正如在例行试验测量值与热稳定性试验或按制造方实际条件而选择的方法所得值之间记录到的差异所显示的那样。测量装置应按JB/T 8957—1999或其他能提供相同或更高准确度的方法进行校准。

DL/T 840—2016《高压并联电容器使用技术条件》6.2.10条:采用高压电桥法,在额定电压(0.9～1.1 V)、额定频率的正弦波电压下进行测量。

6. 测试注意事项

通常用高压电桥来测量高压并联电容器的介质损耗。电桥均有误差,由于电容器的固体介质已基本采用全膜,故其介质损耗很小,这使得电桥误差在读数中所占的比例明显增大。以经典的2801型高压西林电桥为例,其测量介质损耗时桥体最高准确度为0.5%±5×10^{-5}。其中第一部分的相对误差较小,影响可以忽略;第二部分的绝对误差为±5×10^{-5},它对于全膜电容器可能造成10%～30%的误差。加上标准电容器的配置、桥臂电阻的选择会影响检测灵敏度,分流器和电流互感器(或电流比较仪)的偏差等因素也会影响测量的结果,故系统误差可能更大。因此须采用准确度和分辨率更高的电桥和测量方法来测量全膜电容器的介质损耗,并推荐使用损耗功率法或更高准确度的方法来校验介质损耗的测量准确度。

绝缘介质的介质损耗值除受试品本身的绝缘状况、结构、介质材料、是否有分布性缺陷,以及电磁场干扰等影响外,还受到温度、电压、频率、局部缺陷和表面因素的影响。

7. 测试结果分析及测试报告编写

（1）测试结果分析。GB/T 11024.1—2019《标称电压 1000 V 以上交流电力系统用并联电容器 第 1 部分：总则》：电容器损耗角正切（tan δ）对于全膜电介质电容器而言，不应大于 0.0005。若对此有更严格的要求应由制造方和购买方协商确定。

DL/T 840—2016《高压并联电容器使用技术条件》：全膜介质的电容器在工频交流额定电压下，20 ℃时损耗角正切值不应大于 0.03%。

（2）测试报告编写。测试报告填写应包括测试样品编号、测试时间、测试人员、天气情况、环境温度、湿度、测试地点、电容器参数、介质损耗测试电压、测试结论、以及测试设备的名称、型号、出厂编号，备注栏写明其他需要注意的内容。

8. 2877 电桥拓展介绍

（1）简介。

2877 型全自动测试电桥是设计用于测量液体和固体绝缘材料、电缆、电容器、电力变压器、发电机、套管等产品或设备的电容和介质损耗因数。此外，它也能用来精确测量电抗器或类似设备的功率损耗。该设备适用于工频下进行高压和低压的测量。通过内部微机实现电桥的自动平衡，并将结果显示在安装于前面板的 LCD 液晶屏上。基于简单的屏幕菜单选择和在线帮助功能，可在耐磨的面板上实现对仪器的操作。通过并行端口打印试验报告，也可以通过 RS－232 或可选的 IEEE 488 接口连接到电脑，以实现控制和采集数据的功能。该电桥被开发用来使得生产和质量控制领域的效率最大化。显著的测量精度使它适用于实验室的测量和研发工作。

（2）测量参数。

全自动测量及显示下列测量值：试品电容值、介质损耗因数 tan δ、功率因数、电感、品质因数、等效串联电阻、有功功率、视在功率、无功功率、试品电流、测试频率、试验电压的峰值、以及有效值。

（3）测量原理。

在电桥法里，试品电容 C_X 的测定是通过差动电流变压器的方法将标准电容 C_N 与试品比较。

电桥的一次线圈 N_1 和 N_2 分别组成了 C_X 和 C_N 的低压桥臂。

差动电流变压器的二次绕组形成了指示线圈 N_1，连接至指零仪，辅助线圈 N_4 和 N_3 为 $C_X(\beta)$ 的测量提供精密的平衡。

两个一次线圈的铁芯中产生了相反的磁通，磁通量的变引起了指示线圈中的电流减小，电流通过调平衡使两磁通量在相位和幅值上相等，从而使电流为零。

根据零点检测器提供的数据，内部微机实现了对相关参数的控制，如：线圈匝数、精密的平衡电流、介质损耗 tan δ、测量范围等。最终实际的 C_X、tan δ 和测试电压值通过基准参数计算并显示出来。测量电路原理如图 3-15 所示。

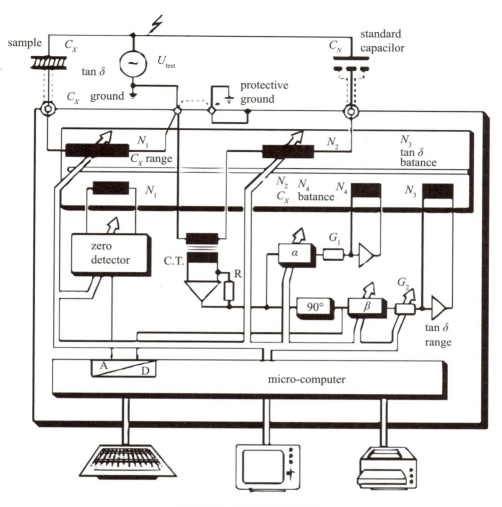

图3-15　测量电路原理图

3.3.11　电容复测

1. 试验目的

电容测量分为初测和复测两个程序。复测应于电压试验之后在0.9~1.1倍额定电压下用能排除由谐波引起的误差的方法进行,通常采用电桥测量。对于多相电容器,应调整施加电压的方法,使每一相均能在0.9~1.1倍额定电压下测量。

测量方法的准确度应能满足上述电容偏差的鉴别。测量方法的再现性应能检测出一个元件击穿或一根内熔丝动作。

2. 危险点分析及控制措施

防止工作人员触电。在拆、接试验接线前,应将被试设备对地充分放电,以防止剩余电荷、感应电压伤人及影响测量结果。试验接线应正确、牢固,试验人员应精力集中,注意被试样品应与其他设备有足够的安全距离,必要时应采取加绝缘板等安全措施。

3. 测试前的准备工作

（1）了解被试样品的基本参数和出厂资料。

（2）测试仪器、样品准备。选择合适的测量仪器,测量仪器的检定证书应在有效期内。

（3）做好试验现场安全和技术措施。向其余试验人员交代工作内容,明确人员分工及试验程序。

4. 试验标准

DL/T 840—2016《高压并联电容器使用技术条件》6.2.11条。

5. 试验方法

采用高压电桥法,在0.9～1.1倍额定电压、额定频率的正弦波电压下测量。

6. 测试注意事项

（1）所用的仪器、仪表是否与检验仪器、设备表所列的相符。当需改变时,应注意其量程、准确度、电压等级等是否符合试验要求。

（2）如使用2877型高压电桥进行电容测量、$\tan \delta$ 测量等工作时,应注意所用的分流器的分流电阻是否符合要求,所用的电流互感器的变比是否合适,必须防止过电流,以免因烧毁仪器而造成事故。要检查电桥的屏蔽是否正确、良好。

（3）当发现检测数据偏差较大时,应反复检查试验回路是否正确,仪器的工作是否正常。

（4）在检测过程中,某些参数(如电容量、$\tan \delta$ 等)经多次测量时,若发现其检测数据重复性较差,应查明原因。

7. 测试结果分析及测试报告编写

（1）测试结果分析。电容器单元的实测电容值与额定值之差不应超过额定值的 -3%～$+5\%$。(DL/T 840—2016)

电容与额定电容的偏差不应超过:对于电容器单元, -5%～$+5\%$;对于总容量在 3 Mvar 及以下的电容器组, -5%～$+5\%$;对于总容量在 3 Mvar 以上的电容器组, 0～$+5\%$。(GB/T 11024.1—2019)

（2）测试报告编写。测试报告填写应包括测试样品编号、测试时间、测试人员、天气情况、环境温度、湿度、测试地点、电容器参数、测试结果、测试结论,以及测试设备的名称、型号、出厂编号,备注栏写明其他需要注意的内容。

3.3.12 放电试验

1. 试验目的

放电试验又称短路放电试验。电容器必须能承受在运行电压下由于外部故障所引起的短路放电。短路放电试验的目的是为了检验电容器内部连接中是否有缺陷。

2. 危险点分析及控制措施

防止工作人员触电。部分试验机构在短路放电操作中采用人工短路法,试验人员应精力集中,注意被试样品应与其他设备有足够的安全距离,采用足够安全的放电操作工具。

3. 测试前的准备工作

(1)了解被试样品的基本参数和出厂资料。

(2)测试仪器、样品准备。选择合适的测量仪器,测量仪器的检定证书应在有效期内。

(3)做好试验现场安全和技术措施。向其余试验人员交代工作内容,明确人员分工及试验程序。

4. 试验标准

GB/T 11024.1—2019《标称电压1000 V以上交流电力系统用并联电容器 第1部分:总则》第17章。

DL/T 840—2016《高压并联电容器使用技术条件》6.2.18条。

5. 试验方法

在电容器极间充以2.5倍额定电压的直流电压,经电容器端子的最小间隙(短接线长度不应大于1.5 m)短路,在10 min内放电5次,试验前后电容量变化应小于一根内熔丝熔断或一个元件击穿的变化量。

6. 测试注意事项

(1)确保使用的高压电桥精度能够判断一根内熔丝熔断或一个元件击穿引起的电容变化量。

(2)如使用2877型高压电桥进行电容测量、$\tan\delta$测量等工作时,应注意所用的分流器的分流电阻是否符合要求,所用的电流互感器的变比是否合适,必须防止过电流,以免因烧毁仪器而造成事故。要检查电桥的屏蔽是否正确、良好。

7. 测试结果分析及测试报告编写

(1)测试结果分析。试验前后电容量变化应小于一根内熔丝熔断或一个元件击穿的变化量。

(2)测试报告编写。测试报告填写应包括测试样品编号、测试时间、测试人员、天气情况、环境温度、湿度、测试地点、电容器参数、测试前电容量、测试后电容器、测试结论,以及测试设备的名称、型号、出厂编号,备注栏写明其他需要注意的内容。

8. 试验装备拓展介绍

现有放电技术是人工通过放电棒或简单的放电装置进行放电,安全无保障,不能和充电过程联动,需要的人工多、效率低,对工作人员的经验依赖性高,试验质量无保障,往往不能严格地在10 min内完成5次放电,达不到标准要求的严苛程度。

本段拓展介绍某检测机构的自动短路放电装置情况。

高压并联电容器短路放电试验装置,包括调压器、充电变压器、充电电阻、整流硅堆、保护电阻、滤波电容、电阻分压器、电容器试品、接地装置、电磁阀、气缸和气泵。

调压器的输入端与交流电源连接,调压器的输出端与充电变压器的输入端连接;充电变压器的输出端与充电电阻连接,充电电阻与整流硅堆、保护电阻依次串联;保护电阻的输出端与滤波电容、电阻分压器以及接地装置的输入端连接;接地装置与电容器试品串联,与滤波电容、电阻分压器、接地装置并联。滤波电容、电阻分压器以及电容器试品的输出端接地。调压器,用于调节充电变压器的输入电压,以控制充电过程,使电容器试品承受的直流电压稳步上升到2.5倍的额定电压。

充电变压器,用于将调压器输出的电压升高到试验所需要的十几到几十千伏。充电变压器的额定容量为30 kVA,额定输入电压为380 V,额定输入电流为78.9 A,额定输出电压为100 kV,额定输出电流为300 mA。

充电电阻,用于限制充电过程中的交流电流过大。

整流硅堆,用于将充电变压器输出的交流高压整流为直流高压。

保护电阻,用于限制充电过程中的直流电流过大。保护电阻的标准电阻为1 kΩ,额定电压为100 kV,额定电流为1 A。

滤波电容,用于将硅堆整流后的直流电流进行滤波。

电阻分压器,用于实时监测电容器试品承受的直流高压值。电阻分压器包括串联的高压臂电阻和低压臂电阻,电阻分压器的额定电压为100 kV,高压臂电阻为75 MΩ,低压臂电阻为75 kΩ,额定电流为1 mA,误差不大于±0.5%。

电容器试品,即被试样品,是需要进行型式试验的高压并联电容器单元。

气泵,用于自动保持气压在一定值,输送给气缸,确保接地装置动作保持一定的速度。

气缸,用于接受气泵气压,通过电磁阀动作实现伸缩。

电磁阀,用于控制气缸伸缩,气缸伸缩带动接地装置动作,实现电容器试品在充电回路和放电回路之间的转换,充电完毕后,瞬时放电,放电完毕后随即开始充电。

接地装置,用于被气缸带动,实现电容器试品在充电回路和放电回路之间的转换,充电完毕后,瞬时放电,放电完毕后随即开始充电。

使用调压器对输入电压进行调压,经充电变压器往整流电路充电,使电容器试品上的直流电压达到标准要求,然后通过控制气泵的电磁阀,通过气泵控制接地装置使试品瞬时接地进行放电。如此往复,在10 min内做5次,实现标准要求整流电路完成整流功能,包括整流硅堆、保护电阻和滤波电容。

通过调压器调节充电变压器的输入电压,以控制充电变压器的输出电压。经硅堆和滤波电容整流滤波后,得到直流充电电压并向高压并联电容器单元试品充电。当高压并联电容器单元试品的直流电压值达到2.5倍额定电压时,电磁阀动作,使高压并联电容器单元试品瞬间接地放电,放电后接地断开。紧接着开始下一次充电放电过程。如此反复5次结束。当气泵和气缸内气压过低时,气泵自动启动充气以保持气压。

这种高压并联电容器短路放电装置的额定电压是直流70 kV,额定高压并联电容器单元试品电容量范围是50~1000 kvar,覆盖国内所有高压并联电容器单元的电容量范围,解决了现有高压并联电容器短路放电试验技术中安全无保障、效率低、试验质量无保障的技术问题,能完全满足国标对高压并联电容器短路放电试验的技术要求,实现安全、高效、高质量的高压并联电容器短路放电试验。与现有技术相比,短路放电装置确保了短路放电试验中的人身安全,放电过程和充电过程紧密结合,单人即可操作,对工作人员的要求低,试验效率高,试验质量有保障。

3.3.13　放电器件检查

1. 试验目的

电容器单元内部装设的放电器件为电阻,它们可使电容器断开电源后,极间的剩余电压在规定的时间内由$\sqrt{2}U_n$下降至规定的电压以下。

2. 危险点分析及控制措施

防止工作人员触电和剩余电荷伤人。试验接线应正确、牢固,试验人员应精力集中,注意被试样品应与其他设备有足够的安全距离。放电一段时间后需测量剩余电压值,因电容器为储能设备,需防止剩余电荷伤人,必要时应采取加绝缘板等安全措施。

3. 测试前的准备工作

(1) 了解被试样品的基本参数和出厂资料。

(2) 测试仪器、样品准备。选择合适的测量仪器,测量仪器的检定证书应在有效期内。

(3) 做好试验现场安全和技术措施。向其余试验人员交代工作内容,明确人员分工及试验程序。

4. 试验标准

GB/T 11024.1—2019《标称电压1000 V以上交流电力系统用并联电容器 第1部分:总则》第11章、21章和附录D。

DL/T 840—2016《高压并联电容器使用技术条件》6.2.13条。

5. 试验方法

对于放电电阻阻值本身的检测方法,两个标准的要求基本相同,都是采用仪表测量电容器放电器件阻值,与额定值的偏差不应超过±5%。

6. 测试注意事项

（1）确保使用的静电电压表、计时表计满足测试要求。

（2）对于放电电阻的选用要求是：如果要求放电性能尽量好，则电阻要尽量小，但在正常运行时能耗会增大。因此，若无特殊要求，选大一些的放电电阻为妥。

7. 测试结果分析及测试报告编写

（1）测试结果分析。每一台电容器单元都应配备从 $\sqrt{2}U_n$ 的初始峰值电压放电到 75 V 或更低电压的放电器件。最长放电时间为 10 min。

电容器单元或电容器组与上面定义的放电器件之间不得有开关、熔断器或任何其他隔离器件（内部熔丝或电容器单元保护用的外部熔断器除外）。

装设放电器件时不能在接触电容器之前将电容器端子短路并接地。

电容器直接与其他可提供放电通道的电气设备相连接，若该电路特性能满足放电要求，则应认为其是能适当放电的。

对于由电容器单元串联连接的电容器组，由于每一单元剩余电压的累积效应，10 min 后电容器组端子上的电压会高于 75 V，这样的电容器组放电到 75 V 的时间应由制造方在说明书中或铭牌上予以说明（GB/T 11024.1—2019）。

对于电容器内部放电元件，应能使电容器断开电源后，剩余电压在 10 min 内由 $\sqrt{2}U_n$ 下降至 50 V 以下（DL/T 840—2016）。

两个标准对剩余电压的规定值要求不同，对于放电电阻的选用要求是如果要求放电性能好，则电阻要选得小，但在正常运行时能耗会增大。因此，若无特殊要求，选大一些的放电电阻为妥。

（2）测试报告编写。测试报告填写应包括测试样品编号、测试时间、测试人员、天气情况、环境温度、湿度、测试地点、电容器参数、放电时间、剩余电压、测试结论，以及测试设备的名称、型号、出厂编号，备注栏写明其他需要注意的内容。

3.3.14　极对壳雷电冲击耐压试验

1. 试验目的

绝缘试验考核的项目之一。雷电冲击电压试验适用于拟与中性点绝缘且与架空线相连接的电容器组中的电容器单元；所有端子均与外壳绝缘且外壳接地的单元应经受此试验。若不知道端子与外壳绝缘的单元是否用于外壳接地的场合，则应进行雷电冲击试验。购买方应说明是否要求进行该试验；有一个端子固定连接到外壳上的单元，不应进行此项试验。

2. 危险点分析及控制措施

雷电冲击试验为高电压试验，应防止工作人员触电。在拆、接试验接线前，应将样品对地充分放电，以防止剩余电荷伤人及影响测量结果。试验接线应正确、牢固,试验人员应精力集中,注意被试样品应与其他设备有足够的安全距离,必要时应采取加绝缘板等安全措施。

3. 测试前的准备工作

(1)了解被试样品的基本参数和出厂资料。

(2)做好试验现场安全和技术措施。向其余试验人员交代工作内容,明确人员分工及试验程序。

(3)雷电冲击波形对试验系统的接地要求较高,试验前应检查试验装备接地情况,同时应准备足够数量的调波电阻,满足试验波形的调制要求。

4. 试验标准

GB/T 11024.1—2019《标称电压1000 V以上交流电力系统用并联电容器 第1部分:总则》第15章第2节。

DL/T 840—2016《高压并联电容器使用技术条件》6.2.14条。

5. 试验方法

按GB/T 16927.1—2011规定在电容器极与外壳之间施加雷电冲击电压正、负极性各15次,试验电压和波形应符合表3-2要求,试验中不应发生击穿或闪络。

表3-2　试验电压和波形

系统标称电压 (方均根值) (kV)	电容器额定电压 (kV)	雷电全波冲击耐受冲击耐受电压(1.2～5)/50 μS,峰值(kV)
6	$6.3/\sqrt{3}$,$6.6/\sqrt{3}$,$7.2/\sqrt{3}$	60
10	$10.5/\sqrt{3}$,$11/\sqrt{3}$,$12/\sqrt{3}$,$11/2$ $12/2$,11,12	75
20	$21/2$,$23/2$,20,21,22,24	125
35	$39/\sqrt{3}$,$42/\sqrt{3}$,39,42	185

6. 测试注意事项

(1)试验前,应根据样品的电容量及试验电压估算波头和波尾电阻大小,确保试验波形满足标准要求,当波形不满足要求时,应及时调整波头和波尾电阻大小。

(2)所有连接线应尽可能短,所有的接地都应是低阻抗且规范连接,避免产生干扰。

7. 测试结果分析及测试报告编写

(1)测试结果分析。如果满足下列要求,则认为电容器通过了试验:

① 未发生击穿。

② 在每一极性下未发生多于两次的外部闪络。

③ 波形未显示不规则性,或与在降低了的试验电压下记录的波形无显著差异。

（2）测试报告编写。测试报告填写应包括测试样品编号、测试时间、测试人员、天气情况、环境温度、湿度、测试地点、电容器参数、测试电压、测试次数、测试结论,以及测试设备的名称、型号、出厂编号,备注栏写明其他需要注意的内容。

3.3.15　热稳定试验

1. 试验目的

电容器的热稳定性是通过热稳定性试验来验证的。这项试验的目的是确定电容器在过负载条件下的热稳定性,确定电容器获得损耗测量再现性的条件。

2. 危险点分析及控制措施

电容器的热稳定性试验除了防止工作人员触电以外,还需要防止高热条件下的高温伤人。试验接线应正确、牢固,试验人员应精力集中,注意被试样品应与其他设备有足够的安全距离。

3. 测试前的准备工作

（1）了解被试样品的基本参数和出厂资料,特别是电容器的温度类别。

（2）测试仪器、样品准备。选择合适的测量仪器,测量仪器的检定证书应在有效期内。

（3）做好试验现场安全和技术措施。向其余试验人员交代工作内容,明确人员分工及试验程序。

4. 试验标准

GB/T 11024.1—2019《标称电压 1000 V 以上交流电力系统用并联电容器 第1部分:总则》第13章。

DL/T 840—2016《高压并联电容器使用技术条件》6.2.15条。

5. 试验方法

国标和行标对热稳定性试验方法的要求是不完全相同的。

测量程序:被试电容器单元应放置在另外两台具有相同额定值并施加与被试电容器相同电压的单元之间。也可采用两台内装电阻器的模拟电容器作为陪试单元,应调节电阻器的损耗使得模拟电容器内侧面靠近顶部的外壳温度等于或高于被试电容器相应处的温度。单元之间的间距应等于或小于正常间距。此试验组应放置于无强迫通风的加热封闭箱中,并应处于制造方现场安装说明书中规定的最不利的热位置。环境空气温度应保持在或高于表3-3所列代号的最高温度。此温度应采用具有热时间常数约 1 h 的温度计来检验。应对此温度计加以屏蔽,使其受到三个通电试品热辐射的可能性最小。

表 3-3　各代码最高环境空气温度

代　号	环境空气温度（℃）		
	最　高	24 h 平均最高	年平均最高
A	40	30	20
B	45	35	25
C	50	40	30
D	55	45	35

对被试电容器施加近似正弦波的交流电压,历时至少 48 h。整个试验期间应调整电压值,使得根据实测电容计算得到的容量至少为 1.44 倍额定容量。

在最后 6 h 内,应至少测量 4 次外壳接近顶部处的温度。在此整个 6 h 内温度的变化不应大于 1 K。如果观察到较大的变化,则试验应继续进行,直到在随后的 6 h 内连续 4 次测量满足上述要求为止。假如在 72 h 内未达到热稳定的条件,则应停止试验,并宣告电容器没有通过该试验(GB/T 11024.1—2019)。

电容器试品及两台陪试电容器直立放置,所加电压使电容器的无功功率等于 1.44 Q_n,并保持恒定,电容器周围的静止冷却空气温度应为环境温度加 10 ℃,或在试验箱六面为电容器上限温度,光照功率为 1000 W/m² 条件下进行加热,直至连续 4 h 电容器温度变化小于 1 K,并测量电容器芯子 2/3 处高度的温度(DL/T 840—2016)。

国标和行标在试验方法的差异主要体现在:一是环境影响试验设备的温度,国标是环境空气温度保持或高于温度类别的上限温度,行标是在这个基础上增加 10 ℃,即行标提出了更高的考核要求;二是行标给出了控制环境试验设备的另外一种方法,即上限温度加光照的加热方法;三是行标明确了温度测量点位置,即测量电容器芯子 2/3 处高度的温度。

6. 测试注意事项

(1) 确保环境影响设备使用的热电偶等计量设备满足测试要求并对其定期校验。

(2) 热稳定试验周期较长,在测试过程中应保持温度定期记录和比较。

(3) 行标中对试验环境进行了详细要求,电容器热稳定性能试验应在无强制送风的加热状态下进行,优先推荐在由周边加热器设定温度并可双向调节以模拟大气环境(户外产品试验时应有氙灯模拟太阳照射)的试验箱中进行。

7. 测试结果分析及测试报告编写

(1) 测试结果分析。连续 4 h 电容器温度变化小于 1 K,并测量和记录电容器芯子 2/3 处高度的温度。

(2) 测试报告编写。测试报告填写应包括测试样品编号、测试时间、测试人员、天气情况、环境温度、湿度、测试地点、电容器参数、测试时间、测试温度,以及测试设备的名称、型号、出厂编号,备注栏写明其他需要注意的内容。

8. 试验装备拓展介绍

按照 DL/T 840—2016 的要求,并联电容器热稳定试验如果不能有效保证试品达到热平衡时空气处于静止状态,则热平衡状态时温箱热循环系统会使试品周围的空气产生流动,影响检测结论的可靠性和准确性。

针对上述技术问题,某检验检测机构采用了一种风道装置及电力电容器的热稳定检测环境试验装置,该装置能够保证稳定性试验的试品达到热平衡时,空气处于静止状态,增加了热稳定性试验检测结果的可靠性和准确性。

如图 3-16 所示,装置包括外壁 1、夹套式风道装置 2、保温层 3、内壁 4、试验空间 5、左侧门 9、右侧门 10、主循环风道 202、顶部风道切换装置 208、右侧风道切换装置 207、电加热器 203、制冷表冷器 204、风栅 210,以及底座。

左侧门 9 与右侧门 10 配合设置于外壁上,内壁 4 的门设置在与外壁 1 门的相同侧;外壁 1、内壁 4 以及保温层 3 整体设置在底座上。

外壁和内壁的门都是防反锁的,内外均可以开启。

保温层 3 环绕设置在内壁 4 的外侧;夹套式风道装置 2 设置在外壁 1 和保温层 3 之间,且夹套式风道装置包括夹套循环风道和主循环风道 202,主循环风道 202 与夹套循环风道之间设置顶部风道切换装置 208 和右侧风道切换装置 207。主循环风道 202 中设置电加热器 203 和制冷表冷器 204;内壁 4 的门关闭后,内部构成密闭的试验空间 5;试验空间 5 靠近主循环风道 202 的顶部设置风栅 210,以便在试验空间 5 与主循环风道 202 进行气体热交换。风栅 210 由多个叶片组成,可以调节叶片的角度,从而调节试验空间 5 与主循环风道 202 之间的空气交换速度;当叶片全部处于关闭状态时,试验空间不再与主循环风道 202 进行空气交换。装置还包括设置在试验空间 5 顶部的排风装置 209,顶部排风装置 209 包括排风管和电动风阀门。

排风管贯穿外壁 1,连接风道装置的外部与试验空间 5,以便于试验结束后,试验空间 5 向风道装置外部排气。该电动阀门能够快速将试验空间 5 内的有害气体或者废热直接排至户外,快速进行空气交换;此外,试验空间 5 内的废热或者有害气体也可以通过循环风机 6 排出。

循环风机 6 贯穿设置在外壁 1 上,且循环风机 6 的风口位于主循环风道 202 内。根据试验的需要,循环风机 6 可以吸气,也可以排气,用来加速主循环风道内部空气的流动。制冷表冷器 204 为多级组合蒸发器,以便调节试验空间 5 与主循环风道 202 的温度。该蒸发器通过与流经表面的空气流充分进行能量交换,将制冷机组的能量传递给试验空间,对试验空间进行温度调节。

夹套循环风道包括顶部夹层风道 201、底部夹层风道 206,以及左侧夹层风道 205。顶部夹层风道 201 和底部夹层风道 206 分别与左侧夹层风道 205 相通。

装置还包括压缩机组机架 7 和电动控制柜 8。压缩机组机架 7 用于制冷,电动控制柜能够控制压缩机制冷;也能够控制排风装置 209 的开启与关闭;也可以控制顶部风道切换装置208与右侧风道切换装置207的开启与关闭;还可以控制风栅210的开启与关闭。测试人员可以通过电动控制柜对上述的装置进行控制,可以由测试人员提前预设时间或者参数,实现对上述装置开启与关闭的自动控制。

装置采用夹套循环风道处理,改善了环境设备气流循环路径,保证在电容器热平衡状态时试验空间周围无风流动;可快速排除试验空间里面的废热废气,满足国家标准的要求;提高了检测的准确性和可靠性,保障了试验人员的人身安全。

装置的操作流程:右侧风道切换装置207和顶部风道切换装置208处于关闭的状态,此时夹套风道与主循环风道处于相互隔开的状态,风栅210处于开启的状态;主循环风道内电加热器203进行快速升温工作,主循环风道内的气流直接向试验空间排放,试验空间内的试品温度慢慢升温;当试品的温度达到预定温度时,风栅210关闭,右侧风道切换装置207和顶部风道切换装置208开启,此时夹套风道与主循环风道处于联通的状态,试验空间与主循环风道处于隔开的状态;这时,主循环风道与夹套风道的气体流通,试验空间内的空气处于静止状态,从而能够增加稳定性试验检测结构的可靠性和准确性。

试验结束时,可以手动或者自动通过排风装置209中电动风阀的开启,将试验空间内的高温空气直接从排风装置209中排出,快速降低试验空间内的温度。试验的过程中当试验空间内需要降温时,主循环风道中的制冷表冷器204工作,将试验空间中的热空气与主循环风道中的冷空气进行热交换,从而降低试验空间内的温度。循环风机6开启时,能够加速主循环风道内的空气流出或者流入。

在热稳定试验结束后,为保证工作人员安全,待试验箱内的有害气体置换排放完后,才允许操作人员入内。

风道装置试品在加热时,试验空间的风栅开启,风道的切换装置成为关闭状态;当试品加热到达热平衡后,试验空间的风栅关闭,风道的切换装置成为开启状态,此时试验空间内的空气处于静止状态,增加了热稳定性试验检测结果的可靠性和准确性。

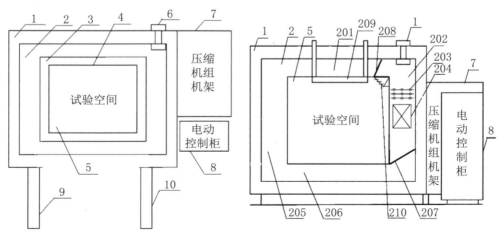

图3-16 热稳定检测环境试验装置

3.3.16 高温下损耗角正切值测量

1. 试验目的

损耗是标志电容器介质基本性能和状态的一项重要指标,也能在一定程度上反映制造工艺的优劣。另外,内熔丝或放电电阻的接入,也会使电容器损耗增大。

2. 危险点分析及控制措施

按照标准要求,电容器损耗角正切($\tan \delta$)应在 0.9～1.1 倍额定电压下用能排除由谐波引起的误差的方法进行测量,并应给出测量系统的准确度。因此在损耗角正切值测量过程中,要做好测量偏差的控制。

3. 测试前的准备工作

(1)了解被试样品的基本参数和出厂资料,特别是要记录电容器额定电压值和介质类型。

(2)做好试验现场安全和技术措施。向其余试验人员交代工作内容,明确人员分工及试验程序。

4. 试验标准

GB/T 11024.1—2019《标称电压 1000 V 以上交流电力系统用并联电容器 第 1 部分:总则》第 8 章。

DL/T 840—2016《高压并联电容器使用技术条件》6.2.10 条。

国标与行标在试验方法上是一致的,但是对试验结果判断要求不同,行标更为严格。

5. 试验方法

GB/T 11024.1—2019《标称电压 1000 V 以上交流电力系统用并联电容器 第 1 部分:总则》第 8 章:电容器损耗角正切应在 0.9～1.1 倍额定电压下用能排除由谐波引起的误差的方法进行测量。对于多相电容器,应调整测量电压使每一相均能经受 0.9～1.1 倍的额定电压。浸渍的低损耗电介质在首次赋能的最初数小时内,其损耗角正切值会减小,这种减小与介质损耗随温度变化不相关。例行试验时,在同时制造的完全相同的单元之间测得的介质损耗可能有较大差异。但是,最后的"稳定值"通常是在一个狭小的范围内,正如在例行试验测量值与热稳定性试验或按制造方实际条件而选择的方法所得值之间的差异所显示的那样。测量装置应按 JB/T 8957—1999 或其他能提供相同或更高准确度的方法进行校准。

DL/T 840—2016《高压并联电容器使用技术条件》6.2.10 条:采用高压电桥法,在 0.9～1.1 倍的额定电压、频率为额定频率的正弦波电压下进行测量。

6. 测试注意事项

通常用高压电桥来测量高压并联电容器的介质损耗。电桥均有误差,由于电容器的固体介质已基本采用全膜,故其介质损耗很小,这使得电桥误差在读数中所占的比例明显增大。以经典的 2801 型高压西林电桥为例,其测量介质损耗时桥体最高准确度为 0.5%±5×10⁻⁵。其中第一部分的相对误差较小,影响可以忽略;第二部分的绝对误差为 ±5×10⁻⁵,它对于全膜电容器可能造成 10%～30% 的误差。加上标准电容器的配置、桥臂电阻的选择会影响检测灵敏度,分流器和电流互感器(或电流比较仪)的偏差等因素也会影响测量的结果,故系统误差可能更大。因此须采用准确度和分辨率更高的电桥和测量方法来测量全膜电容器的介质损耗,并推荐使用损耗功率法或更高准确度的方法来校验介质损耗的测量准确度。

绝缘介质的介质损耗值除受试品本身的绝缘状况、结构、介质材料、是否有分布性缺陷,以及电磁场干扰等影响外,还受温度、电压、频率、局部缺陷和表面因素的影响。

7. 测试结果分析及测试报告编写

(1) 测试结果分析。GB/T 11024.1—2019《标称电压 1000 V 以上交流电力系统用并联电容器 第 1 部分:总则》:电容器损耗角正切(tan δ)对于全膜电介质电容器,不应大于 0.0005。若对此有更严格的要求应由制造方和购买方协商确定。

DL/T 840—2016《高压并联电容器使用技术条件》:全膜介质的电容器在工频交流额定电压下,20 ℃时损耗角正切值不应大于 0.03%。

(2) 测试报告编写。测试报告填写应包括测试样品编号、测试时间、测试人员、天气情况、环境温度、湿度、测试地点、电容器参数、介质损耗测试电压、测试结论,以及测试设备的名称、型号、出厂编号,备注栏写明其他需要注意的内容。

3.3.17 损耗角正切值与温度的关系曲线测定

1. 试验目的

获得一定温度范围内电容器损耗角正切值的变化规律。

2. 危险点分析及控制措施

电容器在高温下的损耗角正切值测量要防止高热条件下的高温伤人。试验接线应正确、牢固,试验人员应精力集中,注意被试样品应与其他设备有足够的安全距离。

3. 测试前的准备工作

(1) 了解被试样品的基本参数和出厂资料,特别是要记录电容器介质类型。

(2) 做好试验现场安全和技术措施。向其余试验人员交代工作内容,明确人员分工及试验程序。

4. 试验标准

DL/T 840—2016《高压并联电容器使用技术条件》6.2.17 条。

5. 试验方法

采用高压电桥法,在 0.9～1.1 倍的额定电压和频率为额定频率的正弦波电压下进行测量,20~80 ℃内测量五个点。

6. 测试注意事项

通常用高压电桥来测量高压并联电容器的介质损耗。电桥均有误差,由于电容器的固体介质已基本采用全膜,故其介质损耗很小,这使得电桥误差在读数中所占的比例明显增大,须采用准确度和分辨率更高的电桥和测量方法来测量全膜电容器的介质损耗,并推荐使用损耗功率法或更高准确度的方法来校验介质损耗的测量准确度。

7. 测试结果分析及测试报告编写

(1) 测试结果分析。测量值都必须满足损耗角正切值不应大于0.03%,且各点的值相差不大于±30%,80 ℃时测量值应小于20 ℃时的测量值。

(2) 测试报告编写。测试报告填写应包括测试样品编号、测试时间、测试人员、天气情况、环境温度、湿度、测试地点、电容器参数、介质损耗测试电压、测试温度、测试结论,以及测试设备的名称、型号、出厂编号,备注栏写明其他需要注意的内容。

3.3.18 内熔丝放电试验

1. 试验目的

内熔丝最初是用于只有一个由若干个元件并联成的串联段的串联电容器内,以防止一个元件击穿导致整台电容器被短路。由于采用纸介质,元件额定电压低(仅数百伏到1 kV)。当时的内熔丝结构很简单,仅一根金属丝连在元件引线片与并联连线之间,熔丝直接暴露于油中,或简单地用绝缘纸隔离固定。油纸介质的高压并联电容器单元由于其内串联段数较多,而并联元件数较少(单台容量小),一个元件击穿影响不大,故没有采用内熔丝。纸膜复合介质的应用使得并联电容器的元件额定电压和单台容量增大了,开始出现采用内熔丝的并联电容器单元(包括集合式电容器的小元),但结构上仍基本沿用老的模式。

在整个电容器寿命期间,熔丝应能连续承受等于或大于单元最大允许电流除以并联熔丝数的电流。

熔丝应能承受在电容器寿命期间可能发生的由于投切操作引起的涌流。

连接在未损坏元件上的熔丝应能承受由于元件击穿引起的放电电流。

熔丝应能承受在2.5倍额定电压的峰值电压下发生在电容器组外部对单元的短路故障引起的电流。

2. 危险点分析及控制措施

内熔丝放电试验过程中在拆、接试验接线前,应将被试设备对地充分放电,以防止剩余电荷、感应电压伤人及影响测量结果。试验接线应正确、牢固,试验人员应精力集中,注意被试样品应与其他设备有足够的安全距离,必要时应采取加绝缘板等安全措施。

3. 测试前的准备工作

（1）了解被试样品的基本参数和出厂资料，特别是要记录电容器额定电压值。

（2）做好试验现场安全和技术措施。向其余试验人员交代工作内容，明确人员分工及试验程序。

4. 试验标准

GB/T 11024.4—2019《标称电压1000 V以上交流电力系统用并联电容器 第1部分：总则》第5章。

DL/T 840—2016《高压并联电容器使用技术条件》6.2.12条。

5. 试验方法

带有内部熔丝的电容器应能承受一次短路放电试验，用1.7倍额定电压的直流电压通过尽可能靠近电容器的、电路中不带任何外加阻抗的间隙进行试验。

6. 测试注意事项

放电试验前后应测量电容。两次测得值之差应小于相当于一根内部熔丝熔断所引起的变化量。

放电试验可在端子间电压试验之前或之后进行。但是，若在端子间电压试验之后进行，则应在额定电压下测量电容，以检查熔丝是否动作。

若购买方同意接受有熔丝熔断的电容器，则端子间电压试验应在放电试验之后进行。

允许用峰值为1.7倍额定电压的交流电压先充电，并在电流过零时断开来产生直流充电电压，然后电容器在该峰值电压下立即放电。或者，若电容器在稍高于1.7倍额定电压的电压下断开电源，则可延迟至放电电阻将电压降到1.7倍额定电压时再放电。

所采用的测量方法应具有足够的灵敏度，足以检测出由一根熔丝断开所引起的电容变化。

7. 测试结果分析及测试报告编写

（1）测试结果分析。试验前后的测得值之差应小于相当于一根内部熔丝熔断所引起的变化量。

（2）测试报告编写。测试报告填写应包括测试样品编号、测试时间、测试人员、天气情况、环境温度、湿度、测试地点、电容器参数、测试电压、测试前后电容量、测试结论，以及测试设备的名称、型号、出厂编号，备注栏写明其他需要注意的内容。

3.3.19 内熔丝隔离试验

1. 试验目的

熔丝与元件串联连接，一旦元件发生故障，则用此熔丝来断开。通常，内部熔丝的动作取决于下列两个因素或之一：与故障元件或单元相并联的元件；单元的放电能量和工频故障电流。熔丝装置在动作后应能承受全元件电压,加上由于熔丝动作导致的任一不平衡电压以及在电容器寿命期间通常经受的任何短时瞬态过电压。

2. 危险点分析及控制措施

内熔丝隔离试验过程中一是要注意在拆、接试验接线前,应将被试设备对地充分放电,以防止剩余电荷、感应电压伤人及影响测量结果。试验接线应正确、牢固,试验人员应精力集中,注意被试样品应与其他设备有足够的安全距离,必要时应加绝缘板等安全措施。二是在进行穿刺隔离试验时,防止机械损伤和穿刺过程中击穿电容器外壳可能引起的金属碎屑飞溅伤人等。

3. 测试前的准备工作

(1)了解被试样品的基本参数和出厂资料,特别是要记录电容器额定电压值和元件串并联数量。

(2)做好隔离穿刺试验装置调试工作,确保机械穿刺试验的成功率。

(3)做好试验现场安全和技术措施。向其余试验人员交代工作内容,明确人员分工及试验程序。

4. 试验标准

GB/T 11024.4—2019《标称电压1000 V以上交流电力系统用并联电容器 第1部分:总则》第5章。

DL/T 840—2016《高压并联电容器使用技术条件》6.2.19条。

5. 试验方法

熔丝的隔离试验应在0.9倍电容器元件额定电压的下限交流元件电压和2.5倍电容器元件额定电压的上限交流元件电压或在购买方与制造方所协商的其他电压值下进行。若试验用直流进行,则试验电压应为相应交流试验电压的$\sqrt{2}$倍(通常介质只能在极其有限的一段时间内耐受2.5倍额定电压的交流试验电压,因此在大多数情况下优先选择直流试验。若试验用交流进行,则对于下限电压下的试验不必用峰值电压来触发元件损坏)。

试验后应测量电容,以证明熔丝已经断开。所采用的测量方法应具有足够的灵敏度,足以检测出由一根熔丝断开所引起的电容变化。

对单元的检查,外壳在打开之前应无显著的变形。外壳在打开之后应进行检查以确保:完好的熔丝没有显著的变形;没有超过一根(或接有熔丝的直接并联的元件的十分之一)以上的额外的熔丝损坏。

应注意的是在由于熔丝动作或者由于其连接线损坏而断开的元件上可能存在危险的残余电荷,所以所有元件均应小心放电。

电压试验应在击穿的元件与其熔断后的熔丝间隙之间施加3.5倍电容器元件额定电压的直流电压来进行,历时10 s。元件和熔丝不应从试验单元中取出。试验期间,间隙应处于浸渍剂中,不允许熔丝间隙或熔丝的任何部分与单元的其余部分之间击穿(GB/T 11024.4—2019)。

内熔丝的隔离试验采用直流法,对元件串联段进行机械穿刺的方法分别在0.92倍额定电压的下限电压和2.22倍额定电压的上限电压下进行,每次试验前后电容量变化不应大于一根内熔丝熔断的变化量。在上限电压下试验时,熔断了的熔丝两端的电压降(除过渡过程外)不应超过30%。在动作后的熔丝断口施加2.15倍元件额定电压的工频电压,历时10 s,试验中不应发生击穿或闪络(DL/T 840—2016)。

国标中对试验步骤进行了详细规定,包括试验结束后对电容器单元、元件的检查。国标和行标对熔丝断口的工频电压试验要求是不同的,GB/T 11024.4规定"在3.5倍电容器元件额定电压的直流电压下进行,历时10 s",而DL/T 840—2016规定为"在动作后的熔丝断口施加2.15倍元件额定电压的工频电压,历时10 s"。

6. 测试注意事项

试验时应将电容器的电压和电流记录下来,以证明熔丝确已断开。为了检验在上限电压下试验时熔丝的限流性能,熔断后的熔丝两端的电压降,除过渡过程外,应不超过上限电压的30%。

若电压降超过30%,则应采取措施,使得由试验系统得到的并联贮存能量和工频故障电流与运行条件相当。然后应在这些条件下进行试验来验证熔丝动作是否满足要求。

在做这一试验时宜采取措施以防电容器单元爆炸和钉子爆炸性射出。

7. 测试结果分析及测试报告编写

(1)测试结果分析。试验前后两次测得值之差应小于相当于一根内部熔丝熔断所引起的变化量。

(2)测试报告编写。测试报告填写应包括测试样品编号、测试时间、测试人员、天气情况、环境温度、湿度、测试地点、电容器参数、测试上限电压、测试下限电压、测试前后电容量,以及测试结论等,备注栏写明其他需要注意的内容。

8. 试验装备拓展介绍

内熔丝隔离试验的实现方式主要有以下几种:

(1)电容器的预热。在施加下限交流试验电压前将电容器单元置于烘箱内预热。预热温度(100~150 ℃)由制造方选择,以求在实际上短时间(几分钟到几小时)内得到第一次击穿。为防止因高温所致的内部液压过高,可以在单元上装设一个带阀门的溢流管,在施加试验电压的瞬间关上阀门。在施加上限试验电压时可以采用较低的预热温度,以免还未达到试验电压就发生击穿。

(2)元件的机械刺穿。元件的机械刺穿用钉子进行,将钉子通过预先在外壳上钻好的洞打进元件内。试验电压可以是直流或交流,由制造方选择。若采用交流电压,则选择刺穿的时机应能使击穿在接近峰值的瞬间发生。不能保证仅有一个元件刺穿。为了限制沿着钉子或通过钉子打穿的洞向外壳放电的可能性,刺穿可在与外壳固定连接的或在试验期间连接起来的元件上进行。

(3) 元件的电击穿(第一种方法)。例如,试验单元的一些元件均装有一个插于介质层间的插片,每一个插片分别连接到一个单独的端子上。试验电压可以是交流或直流,由制造方选择。为使这样设置的元件击穿,在此改装元件的插片与任一极板之间施加足够幅值的冲击电压。在采用交流电压的情况下,应在接近峰值电压的瞬间触发冲击。

(4) 元件的电击穿(第二种方法)。试验单元的一些元件装有一根与两个附加插片连接的短的易熔金属丝并插于介质层间。每一插片分别连接到一个单独的绝缘端子上。试验电压可以是直流或交流,由制造方选择。为使装有这一易熔金属丝的元件击穿,用另外的充电到足够电压的电容器对金属丝放电,使其烧断。在采用交流电压的情况下,应在接近峰值电压的瞬间触发导致金属丝烧断的充电电容器放电。

(5) 元件的电击穿(第三种方法)。在制造时,将单元中一个元件(或几个元件)的一小部分去掉并用耐电较弱的介质代替。

根据调研,某些检验检测机构在开展高压并联电容器内熔丝的隔离试验时,一般采用人工机械穿刺。先在电容器外壳处楔入一枚铁钉(刚好钉穿外壳但不损坏绝缘层),随后对电容器通高压电,当施加试验电压到达峰值时,试验人员迅速使用铁锤将铁钉通过预先在电容器外壳上钻好的洞打入元件内,模拟元件瞬间故障的过程。然而采用人工穿刺存在以下问题:人工穿刺易打偏离;穿刺力度不足无法刺穿外壳损坏元件;高压试验试验人员距带电设备近,存在触电风险;电容器损坏后可能爆裂甚至发生内部绝缘油喷射伤及试验人员;人工穿刺工作效率低等。本小节介绍了一种高压并联电容器内熔丝隔离试验用机械穿刺装置,穿刺定位点准确,试验人员与高压电容器隔离,操作简单,可大大提高内熔丝隔离试验效率,降低成本。

高压并联电容器内熔丝隔离试验用机械穿刺装置包括一个用于固定电容器的框架和穿刺金属头,其中框架的上端有一个可水平调节移动的支架,在支架上固定有一个垂直向下的气缸,气缸的活塞臂垂直上下伸缩运动,活塞臂的前端固定有绝缘棒,穿刺金属头连接在绝缘棒的下端,在框架的下端设置有固定电容器的绝缘夹板,框架的下端底面设置有可推动框架移动的滑轮。在穿刺金属头与绝缘棒之间设置有可伸缩调节的螺杆,穿刺金属头固定在螺杆上。可水平调节移动的支架是固定在框架上端前后横梁上的横向和纵向丝杠调节移动支架,通过调节丝杠可水平前后左右移动支架。

高压并联电容器内熔丝隔离试验用机械穿刺装置,如图3-17所示,包括一个用于固定电容器的框架1和穿刺金属头2,框架是由角钢焊接组成,其中,框架的上端有一个可水平调节移动的支架3,在支架上固定有一个垂直向下的气缸4,气缸的活塞臂401垂直上下伸缩运动,活塞臂的前端固定有绝缘棒5,穿刺金属头连接在绝缘棒的下端,在框架的下端设置有固定电容器的绝缘夹板6,绝缘夹板在框架的下端可左右滑动,在框架的下端底面设置有可推动框架移动的滑轮7,一个任意移动的绝缘垫块8设置在绝缘夹板上。为了准确调节穿刺金属头与电容的垂直距离,在穿刺金属头与绝缘棒之间设置有通过螺母可伸缩调节的螺杆9,穿刺金属头固定在螺杆上。可水平调节移动的支架是固定在框架上端前后横梁上的横向和纵向丝杠调节移动支架,调节丝杠分别固定在纵梁10和悬浮在纵梁10上的横梁11中,通过调节丝杠可水平前后左右移动支架。其中气缸是电动气缸。绝缘夹板6用于固定被试电容器样品,框架式小车内部设有油槽,可以收集被试电容器漏出的绝缘油等,防止液体喷洒。专用的绝缘垫块放置在电容器外壳穿刺点处,作为穿刺金属头的铁钉放在绝缘块的中间,铁钉长度比绝缘块厚度多出2.5 mm。定位穿刺金属头可利用转动两个圆陀调节横向和纵向丝杠,将穿刺金属头移动至绝缘块正上方,对穿刺点精确定位。试验时先按下储能控制按钮,当储能完毕后,对被试样品施加试验电压;当试验电压满足标准要求时,按下电动气缸动作控制按钮,穿刺金属头动作将铁钉钉入被试样品中。

此试验装置结构简单、皮实可靠、易于生产,通过移动式气锤实现对穿刺点的精准定位,采用电动气泵驱动气锤动作,动作迅速、节约人力,可大大提高内熔丝隔离试验效率,保证试验人员的人身安全,降低并节省试验成本。

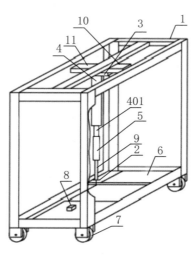

图3-17 机械穿刺装置

3.3.20 过电压试验

1. 试验目的

GB/T 11024.4—2019《标称电压1000 V以上交流电力系统用并联电容器 第1

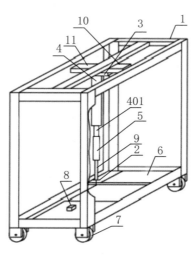

部分：总则》中将耐久性试验分为过电压试验和老化试验，其中过电压试验是例行试验，老化试验是耐久性试验。耐久性试验是为了确定电容器在使用温度范围内耐受反复过电压及过负载能力而进行的加速试验，是验证电容器（或其试验单元）内部元件的介质设计和组合及其制造工艺的特殊试验。其中的过电压试验是为了验证在从定最低温度到室温的范围内，反复的周期过电压不会使介质击穿而进行的试验。过电压试验是对电容器单元电介质设计及其组合，以及将该电介质组装进电容器单元的制造工艺的一种检验。

试验单元应采用常规产品的生产材料和工艺流程来制造。试验单元应通过相应的例行试验，其额定容量不应小于 100 kvar。

2. 危险点分析及控制措施

过电压试验主要涉及三处风险点：一是试验接线应正确、牢固，试验人员应精力集中，注意被试样品应与其他设备有足够的安全距离，必要时应采取加绝缘板等安全措施，在拆、接试验接线前，应将被试设备对地充分放电，以防止剩余电荷、感应电压伤人及影响测量结果；二是在对电容器单元进行环境处理时，防止环境影响试验设备中的样品冷冻和高温伤人；三是过电压试验周期较长，做好人员分配和值班工作，严禁高强度连续长期作业。

3. 测试前的准备工作

（1）了解被试样品的基本参数和出厂资料，特别是要记录电容器额定电压值、环境温度类别等信息。

（2）做好试验现场安全和技术措施。向其余试验人员交代工作内容，明确人员分工及试验程序。

4. 试验标准

GB/T 11024.4—2019《标称电压 1000 V 以上交流电力系统用并联电容器 第 1 部分：总则》第 16 章。

DL/T 840—2016《高压并联电容器使用技术条件》6.2.21 条。

5. 试验方法

试验前试验单元的处理：试验单元应在不低于其额定电压下稳定化处理，处理时的环境温度应在 +15～+35 ℃ 之间，时间不少于 12 h。处理后，应在额定电压下测量试验单元的电容。

试验程序如下：

（1）将试验单元置于冷冻箱内，温度等于或低于电容器设计的温度类别最低值（试验温度对试验的严苛程度有显著的影响。低温环境既可由购买方指定，也可由购买方与制造方商定），时间不少于 12 h。

（2）将试验单元移出，置于温度在 +15～+35 ℃ 范围且无强迫通风的环境中。试验单元从冷冻箱中移出后 5 min 内应施加 1.1 倍额定电压的试验电压；施加该电压 5 min 后,在不间断电压的情况下施加 2.25 倍额定电压的过电压,持续 15 个周波;此后在不间断电压的情况下,将电压再次保持在 1.1 倍额定电压;在 1.1 倍额定电压下历时 1.5~2 min 后,再次施加 2.25 倍额定电压的过电压,且重复该过程直至一天内合计完成 60 次的过电压施加。

（3）重复上述步骤（1）和（2）,历时 4 天以上,2.25 倍额定电压的过电压组合施加数应总计达 300 次。

（4）在完成上述步骤（3）1 h 内,继续施加电压 1.4 倍额定电压,历时 96 h,试验环境温度应在 +15~+35 ℃范围内。

（5）应在额定电压下复测电容值。

6. 测试注意事项

每一次对试验单元的过电压试验也覆盖了其他电容器的设计,这些电容器与试验单元的设计差异应在下列限制范围之内。

若满足下列必要条件,则认为试验单元元件的设计与生产单元中的元件是可比的。

（1）试验单元元件电介质中固体材料的基本型号、层数应相同,且应用同一种液体浸渍。

（2）试验单元元件的额定电压和电场强度水平均应相同或较高一些。

（3）铝箔（电极）边缘设计应相同。

（4）元件连接方式应相同,如焊接、压接等。

若满足下列条件,则认为试验单元与生产单元是可比的:

（1）与生产单元相比,满足要求的试验单元元件应按照相同的方式组装,元件间绝缘应相同或较薄,元件应在制造偏差内以同样的方式压紧。

（2）连接的试验单元元件应不少于 4 个,并使试验单元在额定电压下的容量不小于 100 kvar,所有接入的元件应彼此相邻地放置,且应至少装设一个元件间绝缘（至少有两个元件串联段）。

（3）应采用按制造方标准设计的外壳,其高度不应低于生产单元高度的 20%,宽度和长度分别不应小于生产单元宽度和长度的 50%。

（4）干燥和浸渍工艺应与正常生产工艺相同。

对于过电压波形来说是有要求的,试验电压的频率应为 50 Hz 或 60 Hz,施加的过电压应与 1.05~1.15 倍额定电压范围内的稳定电压无任何间断。

图 3-18 给出了稳定电压和过电压的幅值限制。

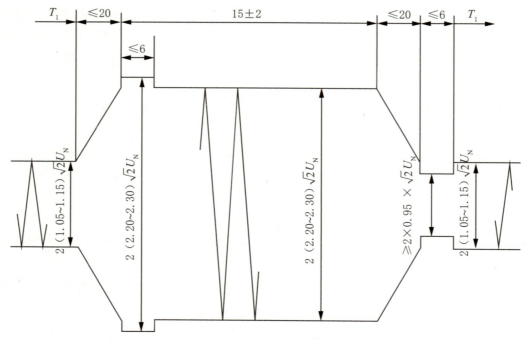

图3-18　稳定电压和过电压的幅值限制

7. 测试结果分析及测试报告编写

（1）测试结果分析。本试验的试验单元数目为一台。验收准则为不应发生击穿，根据电容测量值来判断。若有击穿发生，则再试验两台试验单元，均不应有击穿。

（2）测试报告编写。测试报告填写应包括测试样品编号、测试时间、测试人员、天气情况、环境温度、湿度、测试地点、电容器参数、过电压波形、测试前后电容量、测试结论，以及测试设备的名称、型号、出厂编号，备注栏写明其他需要注意的内容。

8. 过电压周期设备操作拓展介绍

（1）操作前准备。

使用前，首先熟读说明书全部内容，按接线图正确连接线路；将试品电容器连接至试验设备输出端口开关上，电容器的两个接线柱，一个接输出端口开关，一个接接地铜牌，确认标称电容量、实测电容量、耐压等级等并记录下来作为试验设定模拟量。

① 本试验设备总电源开关在总配电室，工作前确认合上总电源。

② 合上前机柜内隔离开关。

③ 旋转操作台电源钥匙开关，控制电源指示灯亮；如因上次试验后调压器未回到零位，调压器将自动回零，降压指示灯亮，回至零位后自动停止。

④ 本机试验升压操作界面有两个，主操作界面、常规耐压界面严格分开，避免误操作。除了主操作界面外，子界面还有设置、报警、报警设定等子界面。主界面

为过电压周期控制界面,子界面有常规耐压试验界面、系统设置界面、报警界面。在主界面上可以点击相应的界面切换按钮进入目标界面,所有子界面只能返回到主界面,子界面之间不可以互相切换。在主界面只进行过电压周期试验,常规试验界面选择钮不仅可以切换到常规界面,而且直接把工作状态选择为常规试验。

⑤ 设置界面的功能。对试品电容的最大试验电流进行设定,以保护电容器和试验人员;设定高压比例,以随时校准试验高压数值;设定调压速度。

（2）手动过电压周期工作方式。

调压器启动条件、电机方向、转速、转角是本设备控制电流的核心受控器件,本产品出厂前已经调好了调压器电机的旋转方向,交付用户首次使用时仍然建议再次校验,手动校验方向无误后方可加载调压器主回路电压试验。

① 空载试验。首先检查主回路连接线是否正确、连接可靠与否,然后旋动操作台钥匙钮,前机柜电源指示灯亮;确认连接正确可靠后在计算机界面上设定试验数据,空载必要数据有试验目标高压电压、试验高压档位、投入电抗器台数;确认档位指示灯全部亮后启动调压器;投入励磁变至主回路,至到位灯亮。

② 过电压周期选项栏选择调试,点击"调波1""调波2""调波3"。

③ 按下调压器回路高压开按钮,前机柜主回路合闸动作,工作指示灯亮。

④ 按下调压器回路的升压按钮,调压器开始升压,升压指示灯亮,该调压器电流表与电压表开始输出相应的数值,高压升至设定高压的1.05～1.15倍时停止升压,根据需要也可以降压,即可联动,也可以点动。

⑤ 点击周期开始按钮,系统开始过电压周期试验,当周期达到设定数值后,调压器开始自动降压,降压至下限位时分断高压。

⑥ 如在试验过程中发生意外紧急情况时,可以按下桌面急停按钮,系统将切断主回路并自动回零,结束试验。

（3）自动工作方式。

① 本试验设备自动工作所能完成的任务为:对选档完毕、投切电抗器完毕、对试验高压设定完毕、高压升压到目标值的试品电容器进行自动电容器耐压或过电压周期试验。

② 设定试验目标高电压,单击设定高电压白色区域,输入目标高电压数值,回车确认;根据电容器电容量和目标试验高压计算出需要投切的高压档位和投切的电抗器,在投切的单抗器档位设置白色区域输入目标档位,点击换档开始钮,电抗器换档到位后按钮字体变回黑色,然后投切电抗器,投入按钮的字体变红色说明投入到位。

③ 过电压周期选项栏选择调试,点击"调波1""调波2""调波3",手动升压至目标高压的1.1倍。

④ 点击工作状态选择区域的自动选择钮,此时该按钮字体变为红色,表明工作

方式切换至自动;按下周期开始钮,系统开始过电压周期循环试验。当周期次数达到设定数值后,调压器开始自动降压,降压至下限位是分断高压。投入的电抗器高压开关退出。

⑤ 如在试验过程中发生意外紧急情况时,按下急停按钮,系统将切断主回路并自动回零,结束试验。电容器耐压与过电压周期试验系统如图3-19所示。

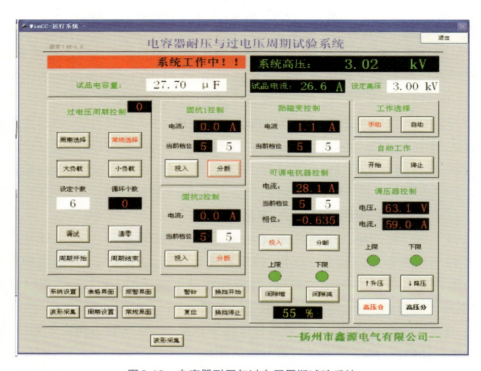

图3-19　电容器耐压与过电压周期试验系统

（4）常规试验。

① 在确认自动试验结束的前提下,点击常规试验选择钮进入常规试验界面,设定目标高压、设置耐压时间,根据试品电容器的电容量计算出需要投入的电抗器数并投入相应隔离开关、投入励磁变隔离开关和投入试品隔离开关。常规试验界面如图3-20所示。

② 点击高压合闸钮,点击升压钮,调压器与高压输出虚拟仪表数据相应上升,当升至接近目标高压后电动升压,直至达到目标高压,点击计时开始按钮,计时时间到后自动降压,降压至调压器下限灯亮后自动分断高压。

③ 常规试验高压开状态下锁定返回主界面按钮,常规试验结束后,如果要进行过电压周期试验,需要先点击周期选择钮,确认周期选择字体由黑变红后才能进行周期试验的升降压,这样做是为了避免在常规试验高压开启的情况下,由于变换试验性质而导致中断试验。

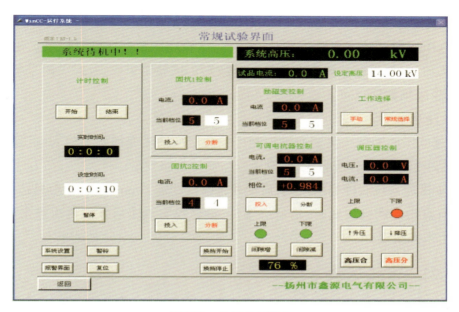

图 3-20　常规试验界面

（5）报警与保护。

试验前，需要切换界面至设置界面（图3-21），设置保护数据，保护数据中的电抗器过流保护、调压器过流过压保护、高压过压保护、励磁电流过流保护都编程在PLC软件中，试品电流过流保护在界面上根据需要随时更改。当其中的保护数据超过设定时，相应过流指示灯亮，系统将切断高压回路并自动降压回零；按下复位按钮后，报警指示灯灭，蜂鸣器停止报警。

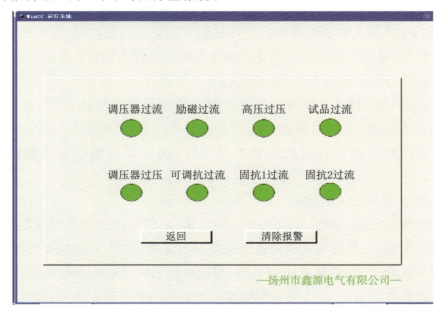

图 3-21　报警与保护

（6）波形采集。

过电压周期试验需要采集试验波形,在试验高压数据达到目标值后需要点击波形采集钮,根据界面按钮提示采集试验波形。试验结束后,及时关闭采集存储按钮,以减少采集数据空间。

（7）注意事项。

① 过电压周期试验需要通过控制可控硅切换励磁变的两个输入电压抽头,在试验过程中请按照操作规程操作,避免发生高压短路现象。

② 本试验系统软件容量较大,启动软件时间约需 2 min 左右,很容易造成疑惑:是否没有点击启动键。此时,请耐心等待,确认没有点击后才能再次点击启动键,避免发生未知错误。

3.3.21 老化试验

1. 试验目的

老化试验是为了验证在升高温度的条件下提高试验电压所造成的老化程度不至于引起电介质过早击穿而进行的特殊试验。它是一种保证基础材料选取适当且不会发生任何快速老化的手段。该试验不宜视为一种对电介质寿命特性作出任何准确评价的工具。为此,制造方应注意各类研发活动。

老化试验应作为特殊试验由制造方对一特定电介质系统进行,即不是对每一特定额定值的电容器。该试验结果适用于规定限度内的各类额定值的电容器。当购买方有要求时,制造方应提供详列该试验结果的证明书。

GB/T 11024.4—2019《标称电压 1000 V 以上交流电力系统用并联电容器 第 1 部分:总则》中将耐久性试验分为过电压试验和老化试验,其中过电压试验是例行试验,老化试验是耐久性试验。老化试验是在高于工作场强和运行温度的条件下,验证其所造成的加速老化不会引起介质过早击穿而进行的试验。

这项试验应由制造厂作为特殊试验对一特定介质系统进行(不是对每一特定额定值的电容器,因其试验结果适用于满足可比元件、可比单元条件的各种额定值的电容器)。耐久性试验既费时又昂贵,但可以覆盖一定范围的电容器设计。

2. 危险点分析及控制措施

试验接线应正确、牢固,试验人员应精力集中,注意被试样品应与其他设备有足够的安全距离,必要时应采取加绝缘板等安全措施,在拆、接试验接线前,应将被试设备对地充分放电,以防止剩余电荷、感应电压伤人及影响测量结果;在对电容器单元进行环境处理时,防止环境影响试验设备中的样品高温伤人;过电压试验周期较长,做好人员分配和值班工作,严禁高强度连续长期作业。

3. 测试前的准备工作

（1）了解被试样品的基本参数和出厂资料，特别是要记录电容器额定电压值、环境温度类别等信息。

（2）做好试验现场安全和技术措施。向其余试验人员交代工作内容，明确人员分工及试验程序。

4. 试验标准

GB/T 11024.2—2019《标称电压1000 V以上交流电力系统用并联电容器 第2部分：老化试验》。

DL/T 840—2016《高压并联电容器使用技术条件》6.2.21条。

5. 试验方法

试验前单元的稳定化处理。试验单元应在环境温度不低于+10 ℃，承受不低于1.1倍额定电压，历时不少于16 h。稳定化处理是用来稳定试验单元的介电性能。

老化试验的初始电容及电介质损耗角正切测量。试验单元应在0.9～1.1倍额定电压下进行测量。由制造方选择试验温度。

试验方法。老化试验过程中电介质的温度应至少等于下列两温度中的较高者：① 60 ℃；② 24 h平均最高温度加上生产单元在热稳定结束时测得的电介质温升。考虑到规定的试验对象的限制条件，如果购买方有要求，制造方宜提供外部温度与内部（电介质）温度关系的更详细的说明。电介质温度可使用在特制试验单元上装设的热电偶测量，也可从之前已确定的内部和外部温度之间的关系来估算，比如采用JB/T 8957—1999中所述的电阻性模拟电容器。环境温度应保持恒定，偏差为−2～+5 ℃。在施加电压前，应将试验单元在这一环境中稳定12 h。由于试验时间长，允许电压中断。在电压中断期间，单元仍应处于控制的环境温度中。若烘箱断电，则在单元再次施加电压前应在环境温度中放置不少于12 h。试验时间取决于试验电压，应采用下列试验条件之一：持续时间3000 h，试验电压为1.25倍额定电压；持续时间1000 h，试验电压为1.4倍额定电压。

最后，关于电容和电介质损耗角正切测量，在完成试验的两天内，应在与初始测量的温度偏差为±5 ℃，其他条件相同下重复测量。

6. 测试注意事项

老化试验是对元件进行电介质设计及组合，以及将这些元件组装进电容器单元的制造工艺（元件卷绕、干燥和浸渍）的一种试验。每一次对试验单元的老化试验也覆盖了其他电容器的设计，这些电容器与试验单元的设计差异应在规定的限制范围之内。

7. 测试结果分析及测试报告编写

（1）测试结果分析。两单元试验时应不发生击穿，三单元试验时允许有一单元击穿。为了验证没有击穿，两次测得的电容之差应小于相当于一个元件击穿或一根内部熔丝动作之量。

（2）测试报告编写。测试报告填写应包括测试样品编号、测试时间、测试人员、天气情况、环境温度、湿度、测试地点、电容器参数、老化时长、测试电压、测试前后电容量、测试结论，以及测试设备的名称、型号、出厂编号，备注栏写明其他需要注意的内容。

3.3.22 外壳爆破能量试验

1. 试验目的

高频高幅值的短路放电电流或工频故障电流都可能使电容器外壳或套管发生爆裂。耐受爆破能量（简称耐爆能量）是指电容器元内部发生极间或极对壳击穿时，外部电路的能量，包括故障电容器单元本身储存的能量，注入电容器单元内部，而电容器单元外壳和套管能够耐受且不发生爆裂、漏油的能量限值。电容器单元的耐爆能量是一项最重要的安全性指标。

耐爆能量试验目的是测定电容器单元这一能量限值，或验证试品是否符合规定的耐受要求。

目前，全膜介质电容器元件普遍采用凸箔接的结构，使得极板导电总截面增大，电气长度大大减短，极板电阻非常小。当元件受击时，击穿点流过很大的故障电流，局部高温使薄膜迅速融化收缩，两铝箔极板易直接接触甚至熔焊在一起。击穿点电阻甚小，使得外部注入的能量相当一部分消耗在电容器内部的接线上，注入能量在击穿部位转化成爆破能量的比例较低，故电容器耐受外部注入的能量就可以大一些。而膜纸复合介质电容器由于电容器纸的存在，元件击穿时不易形成两铝箔极板直接短接，在击穿点易产生电弧，引起介质剧烈气化，从而加大外部注入能量转化成爆破量的比例。因此要使得膜纸复合介质电容器不爆裂，在外壳强度与全膜电容器相同的条件下，必须减小注入能量。考虑到目前电容器几乎全部为全膜形式，要求电容器元所能耐受的爆破能量应不小于 $15\ \mathrm{kW \cdot s}$。

2. 危险点分析及控制措施

电容器外壳爆破能量试验需要单独的试验回路，试验接线应正确、牢固，试验人员应精力集中，注意被试样品应与其他设备有足够的安全距离，必要时应采取加绝缘板等安全措施，在拆、接试验接线前，应将被试设备对地充分放电，以防止剩余电荷、感应电压伤人及影响测量结果；对试品电容器应该做好爆破防护，防止不合格电容器爆破后对人身和周边设备的损伤。

3. 测试前的准备工作

（1）了解被试样品的基本参数和出厂资料，特别是要提前准备针对外壳爆破能量试验的预处理的样品。

（2）做好试验现场安全和技术措施。向其余试验人员交代工作内容，明确人员分工及试验程序。

4. 试验标准

DL/T 840—2016《高压并联电容器使用技术条件》6.2.22条。

5. 试验方法

选3台电容器进行试验，用测量波形的方法实测注入故障电容器内部的能量。

6. 测试注意事项

试验前，必须选择适当的试验回路和仪器设备，脉冲放电电流可采用分流器或电流互感器进行检测，试验过程用瞬态数字记录仪记录电流和电压波形；在试品的各个串联段内设置经电击穿的故障元件，并合理地设置内部故障的位置；计算好储能电容器的电容值和充电电压值。

试验时，可先将试品的出线端子之间短接，形成所谓的"标准放电回路"，记录放电电流，测定波形的首个正峰、反峰的幅值、时间及振荡频率，计算出该回路的等效电阻。再在试品出线端子不短接的情况下，使电容通过试验回路放电，记录放电流波形、电压波形，测定波形的首个正峰、反峰的幅值、时间及振荡频率，放电后电容上的剩余电压等参数。

试验后根据这些波形和数据计算注入试品的能量值，计算可采用能量焦耳积分法。若计算得到的注入试品的能量超出允许的偏差范围，则通过改变储能电容上的充电电压对储能能量调整后，重新进行上述试验。

最后进行检查和判断，若注入试品的能量不低于所要求的耐受爆破能量，试品外壳和套管未出现爆裂或漏油，则该电容器通过了该项试验。

7. 测试结果分析及测试报告编写

（1）测试结果分析。试验后电容器套管、箱壳应无破坏、无开裂和无渗漏油。

（2）测试报告编写。测试报告填写应包括测试样品编号、测试时间、测试人员、天气情况、环境温度、湿度、测试地点、电容器参数、波形记录、计算注入能量、测试结论，以及测试设备的名称、型号、出厂编号，备注栏写明其他需要注意的内容。

8. 试验装备拓展介绍

本小节介绍电力电容器外壳耐受爆破能量试验装置的基本情况。

整个系统由单相柱式调压器、试验变压器、整流硅堆、限流电阻、储能电容、充放电开关、接地开关，以及充放电分压器等组成，如图3-22所示。系统控制柜内部所有控制测量线均已连接完成，现场进行试验时，需要连接外部到控制柜的单相输入电源线、从控制柜输出端到单相柱式调压器的单相输出电源线、从控制柜到开关的五芯控制线、从控制柜到调压器的七芯控制线、从充电分压器到控制柜的光纤测量线、从放电分压器到控制柜的光纤测量线、从罗氏线圈到控制柜的测量线,以及储能电容、放电开关、试品间的连接线。

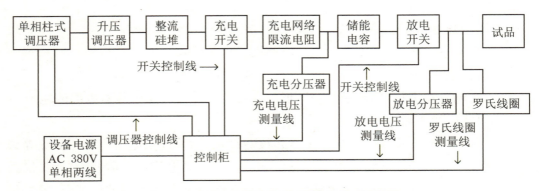

图3-22 电力电容器外壳耐受爆破能量试验装置

主要部件技术参数及简介:

(1)单相电动调压器。

额定容量:20 kVA;

电源输入:220 V、90.9 A;

电源输出:0~200 V;

零点误差:≤ 0.5%;

调节周期:165 s;

工作频率范围:45~60 Hz;

工作时制:额定负载可运行2 h;

绝缘等级:B级;

输出电压线性度:小于±1%;

输出电压与输入电压无相位差,输出电压波形畸变小于±1%;

采用单相220 V电机进行调压,低限和高限均采用双限位保护,并开放低限和高限的无源开关触点。

(2)特种高压试验变压器。

额定容量:20 kVA;

低压输入:0~200 V;

额定输入电流:100 A;

高压输出:0~60 kV;

额定输出电流:333 mA;

额定频率:50 Hz;

设备质量:100 kg。

(3)脉冲电容组(10个+2个备用)。

额定电压:16 kV;

电容容量:30.5 μF;

额定频率:50 Hz;

设备质量:61 kg。

(4)脉冲电容组(6个)。

额定电压:35 kV;

电容容量:30.5 μF;

额定频率:50 Hz;

设备质量:222 kg。

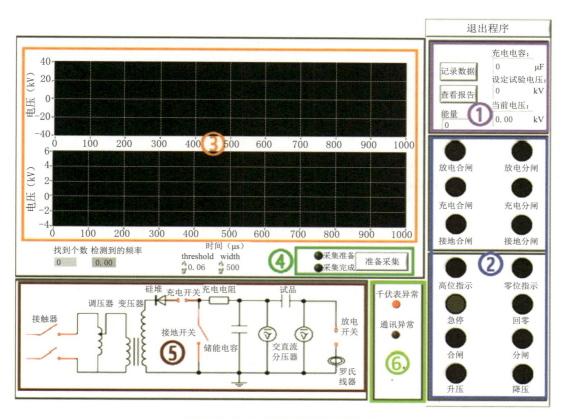

图3-23 电力电容耐爆实验装置软件

操作系统使用步骤说明:

(1)正确连接系统输入输出电源;正确连接系统地线,确保接地线可靠;正确连接系统各控制线和测量线;检查场地、设备、系统间连线情况,排除可能存在的安全隐患。

（2）检查并正确连接工控机的电源线、USB数据线、串口通讯线和采集卡测量线。

（3）打开控制柜后侧下方的总空气开关，使控制柜通电；然后扭转控制柜控制面板上的电源开关。

（4）打开控制柜内部的工控机电源按钮，等电脑Windows系统完全启动后，点击桌面电容器外壳耐受爆破试验装置的图标，进入控制界面，如图3-23所示。界面右侧面板的按钮指示灯状态应当与机柜上的按钮指示灯的状态完全一致。若界面3-20中的指示灯未亮，表明整个系统正常；若通讯异常指示灯常亮，表明系统软件与工控机采集卡连接错误，关闭工控机后，检查接线，重新给工控机上电启动。

（5）输入好试验所用的试验充电电容，设定好试验所需的试验电压之后方可进行试验。查看控制界面，保证放电合闸、充电分闸和接地分闸指示灯亮，若未亮，点击按钮使其分闸；查看零位指示灯，若未亮，点击按钮回零至零位指示灯常亮。

（6）点击充电合闸按钮，充电回路合闸之后，充电合闸按钮灯常亮；然后点击合闸按钮，系统正常合闸之后，合闸按钮灯常亮；长按升压按钮，给储能电容充电（注：因有整流硅堆，整个升压过程会有延迟，当前电压值达到设定试验电压的2/3时即可放开升压按钮，电压会缓慢升至设定电压，若未到，再短暂点击升压按钮即可）；升压完成后系统会自动分闸，充电开关也会自动分闸，无需再按；等待调压器自动回零，直至零位指示灯亮时方可进行下一步操作；点击屏幕准备采集按钮，准备采集指示灯常亮；点击放电合闸按钮，此时放电回路对试品进行瞬间放电，放电过程开始并瞬间结束，放电电压、电流波形会被自动采集，呈现在绿色网格图中。采集准备指示灯熄灭，采集完成指示灯常亮；点击记录数据按钮，稍等片刻，软件会自动生成docx格式的报告文件，并保存在软件目录下的"Report"文件夹中（如需复查报告，可点击查看报告按钮，即会自动打开文件选择对话框，选择需要的报告文件，打开，即可查阅）。

（7）试验结束，点击接地合闸按钮，对储能电容的余电进行释放；当前电压降到零后点击放电分闸按钮，断开放电回路。

（8）试验全部结束之后，点击退出程序，即可关闭软件；正确关闭Windows系统；旋转电源开关按键关闭控制箱电源；关闭控制箱后侧下面的总空气开关。在拆除输入和输出电源线时，请使用万用表测量以确保所拆除部件不带电。在拆除充放电回路接线时，务必在储能电容两端挂接放电棒。拆装被试品电容时，务必先对试品电容进行放电，接地棒短接被试电容两端。

3.3.23　套管受力试验

1. 试验目的

考核电容器单元引出端子的套管及导电杆的机械强度。

2. 危险点分析及控制措施

机械操作时防止伤人。

3. 测试前的准备工作

（1）了解被试样品的基本参数和出厂资料，特别是套管和导电杆的结构尺寸信息。

（2）做好试验现场安全和技术措施。

4. 试验标准

DL/T 840—2016《高压并联电容器使用技术条件》6.2.20条。

5. 试验方法

对套管进行下列受力试验：

（1）在瓷套顶部施加与瓷套垂直的静止拉力1 min，重复5次。

（2）在瓷套顶部导电杆施加标准中规定的扭力矩10 s。

6. 测试注意事项

引出端子的套管及导电杆的机械强度应满足下列要求：

（1）200 kvar以下的电容器套管应能承受400 N水平拉力。

（2）200～1000 kvar的电容器套管应能承受500 N水平拉力。

（3）1000 kvar以上的电容器套管应能承受900 N水平拉力。

7. 测试结果分析及测试报告编写

（1）测试结果分析。试验后套管应无损伤或渗漏油现象。

（2）测试报告编写。测试报告填写应包括测试样品编号、测试时间、测试人员、天气情况、环境温度、湿度、测试地点、电容器参数、测试扭矩、测试结论，以及测试设备的名称、型号、出厂编号，备注栏写明其他需要注意的内容。

第4章 低压并联电容器试验

4.1 低压并联电容器试验条件

低压并联电力电容器在进行试验时的条件如下：

（1）低压并联电力电容器电介质的温度控制在5～35 ℃范围内进行试验,对于特定的试验或测量另有规定的除外。

（2）当电容器试验数据需要进行校正时,采用的参考温度为20 ℃,制造方和购买方之间另有协议时除外。

（3）若电容器处于不通电状态,且在恒定环境温度中放置了适当长的时间,则可认为电容器的电介质温度与环境温度相同。

（4）若没有其他规定,则无论电容器的额定频率如何,交流试验和测量均应在50 Hz或60 Hz的频率下进行。试验电压的波形和偏差应符合GB/T 16927.1—2011的要求。

（5）对于自愈式并联电容器另要求:如果没有其他规定,额定频率低于50 Hz的电容器均应在50 Hz或60 Hz的频率下试验和测量。

4.2 低压并联电容器检验规则

低压并联电容器的试验包括例行试验、型式试验、特殊试验、交接试验及预防性试验等。

例行试验:每台电容器承受的试验,是为了反映制造上的缺陷,这些试验不损伤产品的特性和可靠性。如果购买方有要求,则制造方应提供详列这些试验结果的证明书。例行试验的试验顺序不作强制性要求。

型式试验:用以验证同一技术规范制造的电容器应满足的、在例行试验中未包括的各项要求。确定电容器在设计、参数、材料和制造方面是否满足本部分中所规定的性能和运行要求。型式试验的主要目的是验证设计,并不是用来揭示批量生产中质量差异的手段。型式试验应由制造方进行,在有要求时,应向购买方提供详列这些试验结果的证明书。型式试验可以覆盖一定范围的电容器设计。

特殊试验:型式试验或例行试验之外经制造方与用户协商同意的试验。

交接试验:产品由制造方交付用户时进行的相关试验项目。验收试验的项目为例行试验和/或型式试验或其中的某些项目,可由制造方根据与购买方签订的相关合同重复进行。进行这些重复试验的试品数量和验收准则应由制造方与购买方协商确定并在合同中写明。

预防性试验:为了发现运行中设备的隐患,预防发生事故或设备损坏,对设备进行的检查、试验或监测。

除此之外,低压并联电容器具有相应的使用条件,现给出的要求适用于在下列条件下使用的电容器:

(1)通电时的剩余电压不超过额定电压的10%。

(2)海拔不超过2000 m。

(3)环境空气温度类别。电容器按温度类别分类,每一类别用一个数字后跟一个字母来表示。数字表示电容器可以运行的最低环境空气温度,字母表示温度变化范围的上限,在表4-1中规定了最高值。温度类别覆盖的温度范围为−50~+55 ℃。电容器可以运行的最低环境空气温度宜从+5 ℃,−5 ℃,−25 ℃,−40 ℃,−50 ℃这五个优先值中选取。对于户内使用环境,下限温度通常取−5 ℃。表4-1是以电容器不影响环境空气温度的使用条件(如户外装置)为前提确定的。

表4-1 表示温度变化范围上限的字母代号

代号	环境温度(℃)		
	最高	某一期间的平均最高	
		24 h	1年
A	40	30	20
B	45	35	25
C	50	40	30
D	55	45	35

注:① 表4-1中的温度值可在安装地区的气象温度表中查得。

② 在特殊用途中需采用高于表4-1中所列的高温值时,由制造方和购买方协商确定。在这种情况下,温度类别用最低温度和最高温度的组合来表示,例如:−40/60。

若电容器影响空气温度,则应加强通风或另选电容器以保持表4-1中的极限值。在这样的装置中冷却空气温度应不超过表4-1的温度极限值加5 ℃后的值。

任何最低和最高值的组合均能够选作电容器的标准温度类别,例如:−40/A或−5/C。

优先的标准温度类别为:−40/A,−25/A,−5/A和−5/C。

4.3 低压并联电容器试验项目与方法

4.3.1 电容测量和容量计算

1. 试验目的

低压并联电容器电容量的改变影响补偿效果。电容量的变化不仅影响电容器的功能,更重要的是改变了电容器内部电容芯子的电压分布和工作场强,加速了电容器的老化,造成绝缘事故。因此,电容量是电容器的一个重要指标。

通过电容器极间电容量的测试可灵敏地反映电容器内部浸渍剂的绝缘状况以及内部元件的连接状况。若电容值升高,说明内部元件击穿或受潮;若电容值减小,说明内部元件开路等。通过计算、分析电容值,可指导电容器的更换或检修工作。

2. 危险点分析及控制措施

防止工作人员触电。在拆、接试验接线前,应将被试设备对地充分放电,以防止剩余电荷、感应电压伤人及影响测量结果。试验设备外壳应可靠接地,测试前与检修负责人协调,不允许有交叉作业,试验接线应正确、牢固,试验人员应精力集中,注意被试样品应与其他设备有足够的安全距离,必要时应采取加绝缘板等安全措施。

3. 测试前的准备工作

(1)了解被试设备现场情况及试验条件。

查勘现场,查阅相关技术资料,包括该设备历年试验数据及相关规程等,掌握该设备运行及缺陷情况。

(2)测试仪器、设备准备。

选择合适的测量电桥、标准电容、操作箱、升压器或数字式自动介损测试仪、调压器、电压表、电流表、测试线、温(湿)度计、放电棒、接地线、安全帽、电工常用工具,以及试验临时安全遮拦、标示牌等,并查阅测试仪器、设备及绝缘工器具的检定证书有效期。

(3)做好试验现场安全和技术措施。

向其余试验人员交代工作内容、带电部位、现场安全措施和现场作业危险点,明确人员分工及试验程序。

4. 试验标准

GB/T 12747.1—2017《标称电压 1000 V 及以下交流电力系统用自愈式并联电容器 第1部分:总则 性能、试验和定额 安全要求 安装和运行导则》第七节。

5. 测量程序与测试步骤

（1）测量程序。

电容测量应在制造方选定的电压和频率下进行。所使用的方法应能排除由于谐波或被测电容器外部的附件如测量电路中的电抗器和阻塞电路等引起的误差。应给出测量方法的准确度及其测量值与在额定电压和额定频率下的测量值之间的关系。

应预先在0.9～1.1倍额定电压中的任一电压和0.8～1.2倍额定频率中的任一频率下进行测量。

（2）测试步骤。

测试前应对被试电容器充分放电并接地,拆除所有接线,做好安全措施。合理布置试验设备,按作业指导书进行接线,并检查测试接线和调压器零位,注意高压引线对地距离,桥体是否可靠接地。取下接地线,通知其他人员远离被试电容器,从零均匀升压至测试电压进行测试。测试结束后应先将高压降到零后再读取测试数据,然后切断电源,对被试电容器放电接地。

注意严格按照所使用测试仪器的操作说明书进行设置和操作。电容初测示意如图4-1所示。

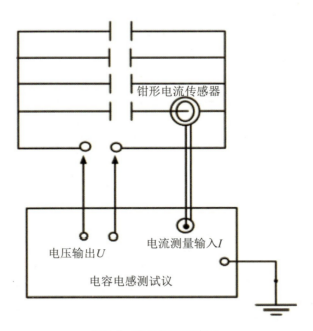

图4-1 电容初测示意图

图 4-2 中，Cn 为实验室配置的标准电容，Cx 为待测电容。

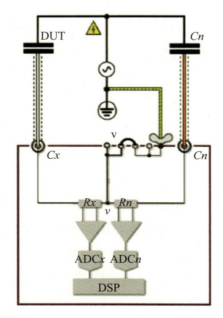

图4-2　标准测量接线图

图 4-3 中，C_1 为主电容器，C_{G1} 和 C_{G2} 表示接地绝缘电容的测定连接。

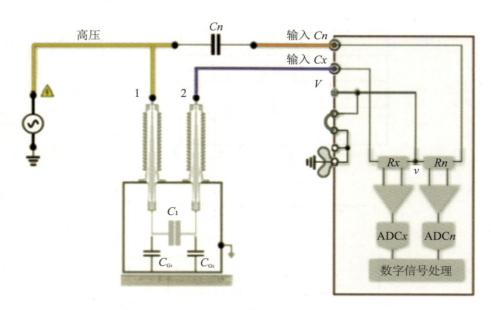

图4-3　电容器测试图

通常测量结果应与铭牌值或与以前的测量中得到的结果进行比较。接地电容的介损预计在 0.5% 或更小，主电容器的介损值通常更小。若电容异常增加通常表明绝缘或介质层短路或者测量接线错误。

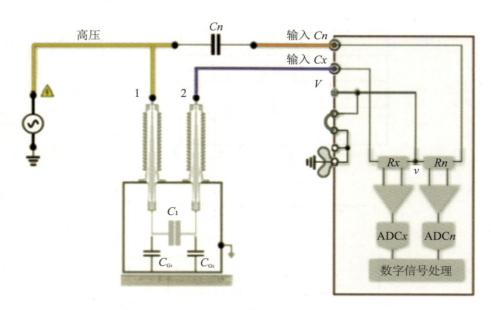

（3）2840电桥使用说明。

一旦程序启动，将出现如图4-4所示的启动窗口。

图4-4　启动窗口

启动窗口包含软件版本、上次校准日期、仪器序列号、产品号等重要信息。在启动窗口的底部，可以选择三个按钮作为不同的操作。

对于一般测量，通常选择手动模式，可用于直接执行单次测量，并能够便捷显示所有必要的值，且允许通过单击鼠标来捕获度量。

6. 测试注意事项

（1）当测试仪器需改变时，应注意其量程、准确度和电压等级是否符合试验要求，检定日期是否在有效期内。

（2）进行测试时，应注意标准电容器是否匹配、电流互感器的变比是否合适（必须防止过电流，以免烧毁仪器而造成事故），以及屏蔽是否正确、良好。

（3）检测用的仪器应按要求放好，且应注意不受振动和强电磁场的影响。

（4）检查仪表的初始状态，其指示是否正确无误。

（5）检查检测环境条件是否符合仪器使用要求，检查电源电压、频率是否与检测仪器的要求相符。

（6）对需水平放置的仪器，应置于无振动的水平面上；对需垂直放置的仪器应垂直放置，不允许倾斜，以免影响测量精确度。

（7）对金属外壳的仪器应稳妥接地，非金属外壳的仪器应置于绝缘台上，仪器的安装置放地应方便查看,且无触及带电部位的危险,需固定的工件应可靠坚固。对易受磁场干扰的仪器应有屏蔽,对要求严格防电磁干扰的仪器则应置于屏蔽良好的检测室内。

(8)检测过程中,经过多次测量,若发现检测数据重复性较差时,应查明原因。检测中,若发现设备或仪器、仪表损坏时,应立即停止试验,查明原因,经处理(如改用其他合格仪表)并征得现场负责人同意后才可以重新工作,并做好记录。

(9)针对2840精密电桥,应定期检查所有高压电缆的绝缘层是否有损坏。如果检测到绝缘材料有任何损坏,则更换一根新的测量电缆。如果仪器长时间不使用,则采取措施防止灰尘通过空气循环进入外壳内(即包装或包装仪器)。应定期检查仪器是否有污染,并在需要时及时用适当的清洁剂清洗。

清洁仪器时应用无棉布清洁仪器,使用温和的家用清洁剂、酒精或烈酒轻微湿润,不应使用腐蚀性切割剂和溶剂。建议每两年定期校准该仪器,并保存最新的校准报告。在更换主保险丝之前,请拆下主电源线,且只能用相同类型和值的保险丝来替换。

7. 测试结果分析及测试报告编写

(1)测试结果分析。

电容与额定电容的偏差应不超过:

对于100 kvar及以下的电容器单元和电容器组,$-5\%\sim+10\%$;

对于100 kvar以上的电容器单元和电容器组,$-5\%\sim+5\%$。

在三相单元中,任意两线路端子间测得的电容的最大值和最小值之比不应超过1.08。

(2)测试报告编写。

测试报告填写应包括测试设备编号、测试时间、测试人员、天气情况、环境温度、湿度、测试地点、电容器参数、测试结果、测试结论、试验性质,以及测试仪器和设备的名称、型号、出厂编号,备注栏写明其他需要注意的内容。

4.3.2　电容器损耗角正切($\tan\delta$)测量

1. 试验目的

电容器介质损耗角正切值$\tan\delta$与电容器绝缘介质的种类、厚度、浸渍剂的特性以及制造工艺有关。电容器$\tan\delta$的测量能灵敏地反映电容器绝缘介质受潮、击穿等绝缘缺陷,对制造过程中真空处理和剩余压力、引线端子焊接不良、有毛刺、铝箔或膜纸不平整等工艺的问题也有较灵敏的反应。所以说电容器介质损耗角正切值$\tan\delta$是电容器绝缘优劣的重要指标。

2. 危险点分析及控制措施

防止工作人员触电。在拆、接试验接线前,应将被试设备对地充分放电,以防止剩余电荷、感应电压伤人及影响测量结果。试验设备外壳应可靠接地,测试前与检修负责人协调,不允许有交叉作业,试验接线应正确、牢固,试验人员应精力集中,注意被试样品应与其他设备有足够的安全距离,必要时应采取加绝缘板等安全措施。

3. 测试前的准备工作

(1)了解被试设备现场情况及试验条件。

查勘现场,查阅相关技术资料,包括该设备历年试验数据及相关规程等,掌握该设备运行及缺陷情况。

(2)测试仪器、设备准备。

选择合适的测量电桥、标准电容、操作箱、升压器或数字式自动介损测试仪、调压器、电压表、电流表、测试线、温(湿)度计、放电棒、接地线、安全帽、电工常用工具,以及试验临时安全遮拦、标示牌等,并查阅测试仪器、设备及绝缘工器具的检定证书有效期。

(3)做好试验现场安全和技术措施。

向其余试验人员交代工作内容、带电部位、现场安全措施和现场作业危险点,明确人员分工及试验程序。

4. 试验标准

GB/T 12747.1—2017《标称电压1000 V及以下交流电力系统用自愈式并联电容器 第1部分:总则 性能、试验和定额 安全要求 安装和运行导则》第八节。

5. 测量程序与测试步骤

(1)测量程序。

电容测量应在制造方选定的电压和频率下进行。所使用的方法应能排除由于谐波或被测电容器外部的附件,如测量电路中的电抗器和阻塞电路等引起的误差。应给出测量方法的准确度及其测量值与在额定电压和额定频率下的测量值之间的关系。

应预先在0.9~1.1倍额定电压中的任一电压和0.8~1.2倍额定频率中的任一频率下进行测量。对大批量电容器做试验时,可用统计抽样法测量$\tan \delta$值,统计抽样方案应由制造方与购买方协商确定。

某些类型介质的$\tan \delta$值是测量前通电时间的函数,在这种情况下,试验电压和通电时间宜由制造方和购买方协商确定。

(2)测量步骤。

测试前应对被试电容器充分放电并接地,拆除所有接线,做好安全措施。合理布置试验设备,按作业指导书进行接线,并检查测试接线和调压器零位,注意高压引线对地距离,桥体是否可靠接地。取下接地线,通知其他人员远离被试电容器,从零均匀升压至测试电压进行测试。测试结束后应先将高压降到零后,再切断电源,对被试电容器放电接地。

注意严格按照所使用测试仪器的操作说明书进行设置和操作。

6. 测试注意事项

（1）当需改变时，应注意其量程、准确度和电压等级是否符合试验要求，检定日期是否在效期内。

（2）进行测试时，应注意标准电容器是否匹配、电流互感器的变比是否合适（必须防止过电流，以免烧毁仪器而造成事故），以及屏蔽是否正确、良好。

（3）检测用的仪器应按要求放好，且应注意不受振动和强电磁场的影响。

（4）检查仪表的初始状态，检查其指示是否正确无误。

（5）检查检测环境条件是否符合仪器使用要求，检查电源电压、频率是否与检测仪器的要求相符。

（6）对须水平放置的仪器，应置于无振动的水平面上；对须垂直放置的仪器应垂直放置，不允许倾斜，以免影响测量精确度。

（7）对金属外壳的仪器应稳妥接地，非金属外壳的仪器应置于绝缘台上，仪器的安装置放地应方便查看，且无触及带电部位的危险，须固定的工件应可靠坚固。对易受磁场干扰的仪器应有屏蔽，对要求严格防电磁干扰的仪器则应置于屏蔽良好的检测室内。

（8）检测过程中，经过多次测量，若发现检测数据重复性较差时，应查明原因。检测中，若发现设备或仪器、仪表损坏时，应立即停止试验，查明原因，经处理（如改用其他合格仪表）并征得现场负责人同意后才可以重新工作，并做好记录。

7. 测试结果分析及测试报告编写

（1）测试结果分析。

电容器 $\tan \delta$ 值不应超过规程规定值和产品技术条件的规定，测试数据与原始值相比不应有显著变化，一般应小于30%。

（2）测试报告编写。

测试报告填写应包括测试设备编号、测试时间、测试人员、天气情况、环境温度、湿度、测试地点、电容器参数、测试结果、测试结论、试验性质，以及测试仪器和设备的名称、型号、出厂编号，备注栏写明其他需要注意的内容。

4.3.3　端子间电压试验

1. 试验目的

电容器端子间电压试验目的是考核极间绝缘的电气强度，检查绝缘沿面和贯穿性击穿故障。电容端子间电压试验能灵敏地反映电容器绝缘介质受潮、击穿等绝缘缺陷，可以有效地发现局部游离性缺陷及绝缘老化的弱点。在交变电压下主要按电容分压，故能够有效地暴露设备绝缘缺陷。所以说电容器端子间电压试验是考核电容器绝缘优劣的重要手段。

2. 危险点分析及控制措施

防止工作人员触电。在拆、接试验接线前,应将被试设备对地充分放电,以防止剩余电荷、感应电压伤人及影响测量结果。试验设备外壳应可靠接地,测试前与检修负责人协调,不允许有交叉作业,试验接线应正确、牢固,试验人员应精力集中,注意被试样品应与其他设备有足够的安全距离,必要时应采取加绝缘板等安全措施。

3. 测试前的准备工作

(1)了解被试设备现场情况及试验条件。

查勘现场,查阅相关技术资料,包括该设备历年试验数据及相关规程等,掌握该设备运行及缺陷情况。

(2)测试仪器、设备准备。

选择标准电容、操作箱、升压器或数字式自动介损测试仪、调压器、电压表、电流表、测试线、温(湿)度计、放电棒、接地线、安全帽、电工常用工具,以及试验临时安全遮拦、标示牌等,并查阅测试仪器、设备及绝缘工器具的检定证书有效期。

(3)做好试验现场安全和技术措施。

向其余试验人员交代工作内容、带电部位、现场安全措施和现场作业危险点,明确人员分工及试验程序。

4. 试验标准

GB/T 12747.1—2017《标称电压1000 V及以下交流电力系统用自愈式并联电容器 第1部分:总则 性能、试验和定额 安全要求 安装和运行导则》第九节。

5. 测量程序与测试步骤

(1)测量程序。

① 例行试验:每一台电容器应承受 $U_t = 2.15 U_N$ 的交流电压试验,最少历时 2 s。

交流电压试验应在15~100 Hz,优先在尽可能接近额定频率的近似正弦波电压下进行。试验前后应测量电容。

试验期间应不发生永久性击穿或闪络,允许有自愈性击穿。

当单元是由若干接成并联的元件或元件组组成的,且这些元件都已单独进行过试验时,单元可不必再重复试验。

对于多相电容器,试验电压宜作适当调整。

② 型式试验:每一台电容器应承受 $U_t = 2.15 U_N$ 的交流试验电压,历时10 s。交流电压试验应用近似正弦波电压进行。优先在尽可能接近额定频率的近似正弦波电压下进行。

试验前后应测量电容,并做好相关记录。试验前后电容值不应有明显程度的变化。

试验期间应不发生永久性击穿或闪络,允许有自愈性击穿。

对于多相电容器,试验电压宜作适当调整。

(2)测量步骤。

测试前应对被试电容器充分放电并接地,拆除所有接线,做好安全措施。合理布置试验设备,按作业指导书进行接线,并检查测试接线和调压器零位,注意高压引线对地距离,桥体是否可靠接地。取下接地线,通知其他人员远离被试电容器,从零均匀升压至测试电压进行测试。测试结束后应先将高压降到零后,再切断电源,对被试电容器放电接地。

注意严格按照所使用测试仪器的操作说明书进行设置和操作。

6. 测试注意事项

(1)当测试仪器需改变时,应注意其量程、准确度和电压等级是否符合试验要求,检定日期是否在有效期内。

(2)进行测试时,应注意标准电容器是否匹配、电流互感器的变比是否合适(必须防止过电流,以免烧毁仪器而造成事故),以及屏蔽是否正确、良好。

(3)检测用的仪器应按要求放好,且应注意不受振动和强电磁场的影响。

(4)检查仪表的初始状态,应注意其指示是否正确无误。

(5)检查检测环境条件是否符合仪器使用要求,检查电源电压、频率是否与检测仪器的要求相符。

(6)对须水平放置的仪器,应置于无振动的水平面上;对须垂直放置的仪器应垂直放置,不允许倾斜,以免影响测量精确度。

(7)对金属外壳的仪器应稳妥接地,非金属外壳的仪器应置于绝缘台上,仪器的安装置放地应方便查看,且无触及带电部位的危险,须固定的工件应可靠坚固。对易受磁场干扰的仪器应有屏蔽,对要求严格防电磁干扰的仪器则应置于屏蔽良好的检测室内。

(8)检测过程中,经过多次测量,若发现检测数据重复性较差时,应查明原因。检测中,若发现设备或仪器、仪表损坏时,应立即停止试验,查明原因,经处理(如改用其他合格仪表)并征得现场负责人同意后才可以重新工作,并做好记录。

7. 测试结果分析及测试报告编写

(1)测试结果分析。

试验前后电容值不应有明显程度变化。试验期间应不发生永久性击穿或闪络,允许有自愈性击穿。

(2)测试报告编写。

测试报告填写应包括测试设备编号、测试时间、测试人员、天气情况、环境温度、湿度、测试地点、电容器参数、测试结果、测试结论、试验性质,以及测试仪器和设备的名称、型号、出厂编号,备注栏写明其他需要注意的内容。

4.3.4 端子与外壳间电压试验

1. 试验目的

电容器端子与外壳间电压试验目的是考核其绝缘的电气强度,检查电容器内部极对外壳绝缘、电容元件外包绝缘、浸渍剂泄漏引起的滑闪和套管,以及引线故障。电容端子与外壳间电压试验能灵敏地反映电容器绝缘介质受潮、击穿等绝缘缺陷,可以有效地发现局部游离性缺陷及绝缘老化的弱点。所以说电容器端子间电压试验是考核电容器绝缘优劣的重要手段。

2. 危险点分析及控制措施

防止工作人员触电。在拆、接试验接线前,应将被试设备对地充分放电,以防止剩余电荷、感应电压伤人及影响测量结果。试验设备外壳应可靠接地,测试前与检修负责人协调,不允许有交叉作业,试验接线应正确、牢固,试验人员应精力集中,注意被试样品应与其他设备有足够的安全距离,必要时应采取加绝缘板等安全措施。

3. 测试前的准备工作

(1) 了解被试设备现场情况及试验条件。

查勘现场,查阅相关技术资料,包括该设备历年试验数据及相关规程等,掌握该设备运行及缺陷情况。

(2) 测试仪器、设备准备。

选择标准电容、操作箱、升压器或数字式自动介损测试仪、调压器、电压表、电流表、测试线、温(湿)度计、放电棒、接地线、安全帽、电工常用工具,以及试验临时安全遮拦、标示牌等,并查阅测试仪器、设备及绝缘工器具的检定证书有效期。

(3) 做好试验现场安全和技术措施。

向其余试验人员交代工作内容、带电部位、现场安全措施和现场作业危险点,明确人员分工及试验程序。

4. 试验标准

GB/T 12747.1—2017《标称电压1000 V及以下交流电力系统用自愈式并联电容器 第1部分:总则 性能、试验和定额 安全要求 安装和运行导则》第十节。

5. 测量程序与测试步骤

(1) 测量程序。

① 例行试验:所有端子均与外壳绝缘的单元,交流试验电压应施加在连接在一起的端子与外壳之间,施加的交流试验电压为$(2U_N+2\ kV)$或$3\ kV$取较高值,历时10 s;或试验电压提高20%,历时不少于2 s。

若电容器单元是准备与架空线直接连接的,经购买方和制造方同意可以用6 kV的电压进行试验。

试验期间应既不发生击穿也不发生闪络。

即使在使用中有一个端子拟连接到外壳上,此试验仍应进行。

具有独立相电容的三相单元,可以将所有端子连接在一起对外壳进行试验。有一个端子固定连接到外壳上的单元,不做此项试验。

当单元的外壳是由绝缘材料制成时,应略去此项试验。

若电容器中具有独立的相或分组,则相间或分组间的绝缘试验电压与端子对外壳间绝缘的试验电压相同。

② 型式试验:所有端子均与外壳绝缘的单元,交流试验电压应施加在连接在一起的端子与外壳之间,施加的交流试验电压为 $2U_N+2$ kV(或 3 kV)取较高值,历时 1 min。

有一个端子固定连接到外壳上的单元,这一试验应限于在套管与外壳之间进行(不带元件),或者在具有相同内绝缘的全绝缘单元上进行。

若电容器的外壳是绝缘材料的,则试验电压应加于端子和紧包在绝缘外壳表面的金属箔之间。对于户内用单元,试验应在干燥条件下进行;对于在户外使用的单元,试验应在人工降雨的条件下进行。

试验期间应既不发生击穿也不发生闪络。

拟安装在户外的单元,可以只进行干试。在这种情况下,制造方应提供该套管和附件(如使用)能承受湿试验电压的单独的型式试验报告。

(2)测试步骤。

测试前应对被试电容器充分放电并接地,拆除所有接线,做好安全措施。合理布置试验设备,按作业指导书进行接线,并检查测试接线和调压器零位,注意高压引线对地距离,桥体是否可靠接地。取下接地线,通知其他人员远离被试电容器,从零均匀升压至测试电压进行测试。测试结束后应先将高压降到零后,再切断电源,对被试电容器放电接地。

注意严格按照所使用测试仪器的操作说明书进行设置和操作。

6. 测试注意事项

(1)当需改变时,应注意其量程、准确度和电压等级是否符合试验要求,检定日期是否在效期内。

(2)进行测试时,应注意标准电容器是否匹配、电流互感器的变比是否合适(必须防止过电流,以免烧毁仪器而造成事故),以及屏蔽是否正确、良好。

(3)检测用的仪器应按要求放好,且应注意不受振动和强电磁场的影响。

(4)检查仪表的初始状态,检查其指示是否正确无误。

(5)检查检测环境条件是否符合仪器使用要求,检查电源电压、频率是否与检测仪器的要求相符。

(6)对须水平放置的仪器,应置于无振动的水平面上;对须垂直放置的仪器应垂直放置,不允许倾斜,以免影响测量精确度。

（7）对金属外壳的仪器应稳妥接地,非金属外壳的仪器应置于绝缘台上,仪器的安装置放地应方便查看,且无触及带电部位的危险,须固定的工件应可靠坚固。对易受磁场干扰的仪器应有屏蔽,对要求严格防电磁干扰的仪器则应置于屏蔽良好的检测室内。

（8）检测过程中,经过多次测量,若发现检测数据重复性较差时,应查明原因。检测中,若发现设备或仪器、仪表损坏时,应立即停止试验,查明原因,经处理(如改用其他合格仪表)并征得现场负责人同意后才可以重新工作,并做好记录。

7. 测试结果分析及测试报告编写

（1）测试结果分析。

试验前后电容值不应有明显程度变化。试验期间应不发生永久性击穿或闪络,允许有自愈性击穿。

（2）测试报告编写。

测试报告填写应包括测试设备编号、测试时间、测试人员、天气情况、环境温度、湿度、测试地点、电容器参数、测试结果、测试结论、试验性质,以及测试仪器和设备的名称、型号、出厂编号,备注栏写明其他需要注意的内容。

4.3.5 内部放电器件试验

1. 试验目的

电容器内部放电器件试验目的是考核电容器放电能力,检查电容器内部放电器件是否满足运行要求。电容器内部发电器件的正常运行一是在电容器停运时能够防止由于残留电荷威胁人身安全;二是在电容器停运后恢复送电时能够防止由于残留电荷引起电容器过电压,有效地保证了电容器的平稳安全运行,进一步防止了人身伤害事故的发生。所以说电容器内部放电器件试验是考核电容器运行特性的重要手段。

2. 危险点分析及控制措施

防止工作人员触电。在拆、接试验接线前,应将被试设备对地充分放电,以防止剩余电荷、感应电压伤人及影响测量结果。试验设备外壳应可靠接地,测试前与检修负责人协调,不允许有交叉作业,试验接线应正确、牢固,试验人员应精力集中,注意被试样品应与其他设备有足够的安全距离,必要时应采取加绝缘板等安全措施。

3. 测试前的准备工作

（1）了解被试设备现场情况及试验条件。

查勘现场,查阅相关技术资料,包括该设备历年试验数据及相关规程等,掌握该设备运行及缺陷情况。

（2）测试仪器、设备准备。

选择标准电容、操作箱、升压器或数字式自动介损测试仪、调压器、电压表、电流表、测试线、温（湿）度计、放电棒、接地线、安全帽、电工常用工具，以及试验临时安全遮拦、标示牌等，并查阅测试仪器、设备及绝缘工器具的检定证书有效期。

（3）做好试验现场安全和技术措施。

向其余试验人员交代工作内容、带电部位、现场安全措施和现场作业危险点，明确人员分工及试验程序。

4. 试验标准

GB/T 12747.1—2017《标称电压 1000 V 及以下交流电力系统用自愈式并联电容器 第 1 部分：总则 性能、试验和定额 安全要求 安装和运行导则》第十一节。

5. 测量程序与测试步骤

（1）测量程序。

电容器单元和/或电容器组应装有使每一单元在 3 min 内 $\sqrt{2}U_N$ 的初始峰值电压放电到 75 V 或更低的放电器件。

在电容器单元和放电器件之间不得有开关、熔断器或任何其他隔离装置。放电器件不能替代在接触电容器之前将电容器端子短接在一起并接地。

直接且永久性地与其他可提供放电通道的电气设备相连接的电容器，若该电路特性能保证在上述规定的时间内将电容器放电到 75 V 或更低，则应认为已具有适当的放电能力。

应注意到如果要求更短的放电时间和更低的剩余电压，这种情况购买方应通知制造方。放电电路应具有足以承受电容器规定的 $1.3U_N$ 过电压峰值下放电的载流能力。

由于通电时的剩余电压不应超过额定电压的 10%，若电容器是自动控制的，则可能需要较低电阻值的放电电阻或附加可切换的放电装置。

（2）测试步骤。

测试前应对被试电容器充分放电并接地，拆除所有接线，做好安全措施。合理布置试验设备，按作业指导书进行接线，并检查测试接线和调压器零位，注意高压引线对地距离，桥体是否可靠接地。取下接地线，通知其他人员远离被试电容器，从零均匀升压至测试电压进行测试。测试结束后应先将高压降到零后，再切断电源，对被试电容器放电接地。注意记录测量放电后电压值。

注意严格按照所使用测试仪器的操作说明书进行设置和操作。

6. 测试注意事项

（1）当需改变时，应注意其量程、准确度和电压等级是否符合试验要求，检定日期是否在有效期内。

（2）进行测试时,应注意标准电容器是否匹配、电流互感器的变比是否合适(必须防止过电流,以免烧毁仪器而造成事故),以及屏蔽是否正确、良好。

（3）检测用的仪器应按要求放好,且应注意不受振动和强电磁场的影响。

（4）检查仪表的初始状态,检查其指示是否正确无误。

（5）检查检测环境条件是否符合仪器使用要求,检查电源电压、频率是否与检测仪器的要求相符。

（6）对须水平放置的仪器,应置于无振动的水平面上;对须垂直放置的仪器应垂直放置,不允许倾斜,以免影响测量精确度。

（7）对金属外壳的仪器应稳妥接地,非金属外壳的仪器应置于绝缘台上,仪器的安装置放地应方便查看,且无触及带电部位的危险,须固定的工件应可靠坚固。对易受磁场干扰的仪器应有屏蔽,对要求严格防电磁干扰的仪器则应置于屏蔽良好的检测室内。

（8）检测过程中,经过多次测量,若发现检测数据重复性较差时,应查明原因。检测中,若发现设备或仪器、仪表损坏时,应立即停止试验,查明原因,经处理(如改用其他合格仪表)并征得现场负责人同意后才可以重新工作,并做好记录。

7. 测试结果分析及测试报告编写

（1）测试结果分析。

试验前后电容值不应有明显程度变化。试验期间应不发生永久性击穿或闪络,允许有自愈性击穿。

（2）测试报告编写。

测试报告填写应包括测试设备编号、测试时间、测试人员、天气情况、环境温度、湿度、测试地点、电容器参数、测试结果、测试结论、试验性质,以及测试仪器和设备的名称、型号、出厂编号,备注栏写明其他需要注意的内容。

4.3.6　密封性试验

1. 测试目的

电容器内部放电器件试验目的是考核电容器密封性能,确保电容器无渗漏、稳定运行。

2. 危险点分析及控制措施

防止工作人员烫伤。在拆、接试验接线前,应将被试设备充分冷却,操作时做好防护措施,以防止高温伤人及影响测量结果。试验设备外壳应可靠接地,测试前与检修负责人协调,不允许有交叉作业,试验接线应正确、牢固,试验人员应精力集中,注意被试样品应与其他设备有足够的安全距离。

3. 测试前的准备工作

（1）了解被试设备现场情况及试验条件。

查勘现场,查阅相关技术资料,包括该设备历年试验数据及相关规程等,掌握该设备运行及缺陷情况。

(2) 测试仪器、设备准备。

选择烘箱、操作箱、升压器、调压器、电压表、电流表、测试线、温(湿)度计、放电棒、接地线、安全帽、电工常用工具,以及试验临时安全遮拦、标示牌等,并查阅测试仪器、设备及绝缘工器具的检定证书有效期。

(3) 做好试验现场安全和技术措施。

向其余试验人员交代工作内容、带电部位、现场安全措施和现场作业危险点,明确人员分工及试验程序。

4. 试验标准

GB/T 12747.1—2017《标称电压 1000 V 及以下交流电力系统用自愈式并联电容器 第 1 部分:总则 性能、试验和定额 安全要求 安装和运行导则》第十二节。

5. 测量程序与测试步骤

(1) 测量程序。

单元(在无涂层状态下)应经受能有效地检测出其外壳和套管上任何渗漏的试验。试验程序由制造方确定,制造方应说明所使用的试验方法。

若制造方没有规定试验程序,则试验应按下述程序进行:

将未通电的电容器单元通体加热,使各个部位均达到不低于表 4-1 中与电容器的温度类别代号相对应的最高值加 20 ℃的温度,并在此温度下保持 2 h,应不渗漏。

(2) 测试步骤。

测试前应对被试电容器充分放电并接地,拆除所有接线,做好安全措施。合理布置试验设备,按作业指导书进行接线,并检查测试接线和调压器零位高温烘箱是否可靠接地。取下接地线,通知其他人员远离被试电容器,逐渐升温进行测试。测试结束后应先切断电源,做好防护措施,避免烫伤。注意利用指示剂检测是否发生渗漏。

注意严格按照所使用测试仪器的操作说明书进行设置和操作。

6. 测试注意事项

(1) 当需要改变时,应注意其量程、准确度和电压等级是否符合试验要求,检定日期是否在有效期内。

(2) 进行测试时,应注意标准电容器是否匹配、电流互感器的变比是否合适(必须防止过电流,以免烧毁仪器而造成事故),以及屏蔽是否正确、良好。

(3) 检测用的仪器应按要求放好,且应注意不受振动和强电磁场的影响。

(4) 检查仪表的初始状态,检查其指示是否正确无误。

(5) 检查检测环境条件是否符合仪器使用要求,检查电源电压、频率是否与检测仪器的要求相符。

（6）对须水平放置的仪器,应置于无振动的水平面上;对须垂直放置的仪器应垂直放置,不允许倾斜,以免影响测量精确度。

（7）对金属外壳的仪器应稳妥接地,非金属外壳的仪器应置于绝缘台上,仪器的安装置放地应方便查看,且无触及带电部位的危险,须固定的工件应可靠坚固。对易受磁场干扰的仪器应有屏蔽,对要求严格防电磁干扰的仪器则应置于屏蔽良好的检测室内。

（8）检测过程中,经过多次测量,若发现检测数据重复性较差时,应查明原因。检测中,若发现设备或仪器、仪表损坏时,应立即停止试验,查明原因,经处理（如改用其他合格仪表）并征得现场负责人同意后才可以重新工作,并做好记录。

7. 测试结果分析及测试报告编写

（1）测试结果分析。

试验前后电容值不应有明显程度变化。试验期间应不发生永久性击穿或闪络,允许有自愈性击穿。

（2）测试报告编写。

测试报告填写应包括测试设备编号、测试时间、测试人员、天气情况、环境温度、湿度、测试地点、电容器参数、测试结果、测试结论、试验性质,以及测试仪器和设备的名称、型号、出厂编号,备注栏写明其他需要注意的内容。

4.3.7　热稳定试验及高温下电容器损耗角正切测量

1. 试验目的

本试验目的是确定电容器在过负载状态下的热稳定性,确定使电容器能够获得损耗测量的可再现条件。

2. 危险点分析及控制措施

防止工作人员烫伤。在拆、接试验接线前,应将被试设备充分冷却,操作时做好防护措施,以防止高温伤人及影响测量结果。试验设备外壳应可靠接地,测试前与检修负责人协调,不允许有交叉作业,试验接线应正确、牢固,试验人员应精力集中,注意被试品应与其他设备有足够的安全距离。

3. 测试前的准备工作

（1）了解被试设备现场情况及试验条件。

查勘现场,查阅相关技术资料,包括该设备历年试验数据及相关规程等,掌握该设备运行及缺陷情况。

（2）测试仪器、设备准备。

选择烘箱、操作箱、升压器、调压器、电压表、电流表、测试线、标准电容、精密电桥、温（湿）度计、放电棒、安全带、安全帽、电工常用工具,以及试验临时安全遮拦、标示牌等,并查阅测试仪器、设备及绝缘工器具的检定证书有效期。

（3）做好试验现场安全和技术措施。

向其余试验人员交代工作内容、带电部位、现场安全措施和现场作业危险点，明确人员分工及试验程序。

4. 试验标准

GB/T 12747.1—2017《标称电压1000 V及以下交流电力系统用自愈式并联电容器 第1部分：总则 性能、试验和定额 安全要求 安装和运行导则》第十三节、第十四节。

5. 测量程序与测试步骤

（1）测量程序。

被试电容器单元应放置在另外两台具有相同额定值并施加与被试电容器相同电压的单元之间。也可采用两台装有电阻器的模拟电容器，应将电阻器的损耗调整到使模拟电容器内侧面靠近顶部处的外壳温度等于或高于被试电容器相应布置方式处的温度。单元之间的间距应等于制造方说明书中规定的正常间距。

试验组应放置于静止空气（无强迫空气通风）的封闭加热箱中，并应处于制造方现场安装说明书中规定的最不利于散热的位置。环境空气温度应保持或高于表4-2所示的相应温度。此温度应以具有热时间常数约1 h的温度计来检测。

应对测量环境空气温度的温度计加以屏蔽，使其受到三个通电试品热辐射的可能性最小。

表4-2　热稳定性试验时的环境空气温度

代号	环境空气温度（℃）
A	40
B	45
C	50
D	55

当电容器的各部分均达到环境空气温度后，对电容器施加实际正弦波的交流电压，历时至少48 h。在试验的最后24 h期间应调整电压，使根据实测电容计算得到的试验容量至少为1.44倍额定容量。

试验应在满足下列两种情况中的一种后停止：

一是，在6 h期间，电容器外壳从底部向上2/3高度处（不包括端子）测得的温度的变化不大于1 ℃。在这种情况下试验被认为是有效的。

二是，如果在连续的3个6 h期间温度的增加没有减少，在这种情况下试验被认为是失败的。热稳定性试验结束时，应记录外壳的测量温度与冷却空气温度之差值。

试验前后应在标准试验温度范围内测量电容,并将两次测量值校正到同一介质温度。在这些测量中,电容的变化应不大于2%。

在热稳定性试验前后,应在(20±15)℃的温度下测量损耗角正切(tan δ)。损耗角正切的第2次测量值和第1次测量值相比,其增量应不大于$2×10^{-4}$。在解释测量结果时,应考虑以下两个因素:一是测量的可重复性;二是在即使没有任何电容器元件击穿或内部熔丝熔断的情况下,介质的内部变化也可能会引起电容的微小变化。

当检验电容器损耗角正切或温度条件是否符合要求时,应考虑在试验期间电压、频率和环境空气温度的波动。为此,建议绘出这些参数、损耗角正切以及温升相对于时间的函数曲线。

只要施加的试验容量符合规定,拟用于60 Hz的单元可以在50 Hz下进行试验,拟用于50 Hz的单元也可以在60 Hz下进行试验。对于额定频率低于50 Hz的单元,试验条件建议由购买方和制造方协商确定。

(2)测试步骤。

测试前应对被试电容器充分放电并接地,拆除所有接线,做好安全措施。合理布置试验设备,按作业指导书进行接线,并检查测试接线和调压器零位高温烘箱是否可靠接地。取下接地线,通知其他人员远离被试电容器,逐渐升温进行测试。测试结束后应先切断电源,做好防护措施,避免烫伤。试验前后应在标准试验温度范围内测量电容,并将两次测量值校正到同一介质温度。在热稳定性试验前后,应在(20±15)℃的温度下测量损耗角正切(tan δ)。将损耗角正切的第2次测量值和第1次测量值进行比较。

注意严格按照所使用测试仪器的操作说明书进行设置和操作。

6.测试注意事项

(1)当测试仪器需改变时,应注意其量程、准确度、电压等级是否符合试验要求,检定日期是否在有效期内。

(2)进行测试时,应注意标准电容器是否匹配、电流互感器的变比是否合适(必须防止过电流,以免烧毁仪器而造成事故),以及屏蔽是否正确、良好。

(3)检测用的仪器应按要求放好,且应注意不受振动和强电磁场的影响。

(4)检查仪表的初始状态,检查其指示是否正确无误。

(5)检查检测环境条件是否符合仪器使用要求,检查电源电压、频率是否与检测仪器的要求相符。

(6)对须水平放置的仪器,应置于无振动的水平面上;对须垂直放置的仪器应垂直放置,不允许倾斜,以免影响测量精确度。

(7)对金属外壳的仪器应稳妥接地,非金属外壳的仪器应置于绝缘台上,仪器的安装置放地应方便查看,且无触及带电部位的危险,须固定的工件应可靠坚固。

对易受磁场干扰的仪器应有屏蔽,对要求严格防电磁干扰的仪器则应置于屏蔽良好的检测室内。

(8)检测过程中,经过多次测量后,若发现检测数据重复性较差时,应查明原因;若发现设备或仪器、仪表损坏时,应立即停止试验,查明原因,经处理(如改用其他合格仪表)并征得现场负责人同意后才可以重新工作,并做好记录。

7. 测试结果分析及测试报告编写

(1)测试结果分析。

在6 h期间,电容器外壳从底部向上2/3高度处(不包括端子)测得的温度的变化不大于1 ℃。

试验前后应在标准试验温度范围内测量电容,并将两次测量值校正到同一介质温度。在这些测量中,电容的变化应不大于2%。

在热稳定性试验前后,应在(20±15)℃的温度下测量损耗角正切($\tan\delta$)。将损耗角正切的第2次测量值和第1次测量值进行比较,其增量应不大于2×10^{-4}。

(2)测试报告编写。

测试报告填写应包括测试设备编号、测试时间、测试人员、天气情况、环境温度、湿度、测试地点、电容器参数、测试结果、测试结论、试验性质,以及测试仪器和设备的名称、型号、出厂编号,备注栏写明其他需要注意的内容。

4.3.8 端子与外壳间雷电冲击电压试验

1. 试验目的

电容器在电力系统运行中除承受正常运行的工频电压外,还可能受到暂时过电压及雷电过电压的袭击。雷电在输电线路或电力设备上,有可能造成幅值和陡度都很高的过电压,对电容器的绝缘破坏较大。工程上,为了考验电容器耐受雷电过电压的能力,使用冲击电压发生器进行模拟雷击的试验,以此来考核电容器是否有足够的冲击绝缘强度。

2. 危险点分析及控制措施

防止工作人员触电。在拆、接试验接线前,应将被试设备对地充分放电,以防止剩余电荷、感应电压伤人及影响测量结果。试验设备外壳应可靠接地,测试前与检修负责人协调,不允许有交叉作业,试验接线应正确、牢固,试验人员应精力集中,注意被试样品应与其他设备有足够的安全距离,必要时应采取加绝缘板等安全措施。

3. 测试前的准备工作

(1)了解被试设备现场情况及试验条件。

查勘现场,查阅相关技术资料,包括该设备历年试验数据及相关规程等,掌握该设备运行及缺陷情况。

（2）测试仪器、设备准备。

选择雷电冲击发生器、合适的波头波尾电阻、操作箱、升压器、调压器、电压表、电流表、测试线、标准电容、精密电桥、温(湿)度计、放电棒、接地线、安全帽、电工常用工具，以及试验临时安全遮拦、标示牌等，并查阅测试仪器、设备及绝缘工器具的检定证书有效期。

（3）做好试验现场安全和技术措施。

向其余试验人员交代工作内容、带电部位、现场安全措施和现场作业危险点，明确人员分工及试验程序。

4. 试验标准

GB/T 12747.1—2017《标称电压1000 V及以下交流电力系统用自愈式并联电容器 第1部分：总则 性能、试验和定额 安全要求 安装和运行导则》第十五节。

5. 测量程序与测试步骤

（1）测量程序。

仅对所有端子均与外壳绝缘的单元进行本试验。

冲击试验应以(1.2～5)/50 μs的波形进行。若电容器的额定电压$U_N \leq 690$ V，则峰值为8 kV；若$U_N > 690$ V，则峰值为12 kV。

如果单元是准备直接连接到外露设备例如架空线上的，在制造方和购买方同意后，冲击电压试验对于额定电压$U_N \leq 690$ V的电容器试验电压的峰值为15 kV，对额定电压$U_N > 690$ V的电容器试验电压的峰值为25 kV。

对连接在一起的端子与外壳之间施加3次正极性冲击之后，接着再施加3次负极性冲击。改变极性后，在再次施加冲击前允许先施加几次较低幅值的冲击。

用记录电压和检测波形的示波器来检验产品在试验期间是否发生故障。

如电容器的外壳是用绝缘材料制成的，这时试验电压应施加于端子和紧包在外壳表面的金属箔之间。

（2）冲击电压试验系统。

冲击电压试验系统(以下简称冲击电压发生器)，冲击电压发生器是产生冲击电压波的试验装置，用于考核电气设备、元件耐受大气过电压的绝缘性能。本冲击电压试验系统，是采用模块式结构，能通过组合产生所需要的冲击电压。

冲击电压试验系统成套设备主要部件有，

直流电源：高压试验变压器、高压整流硅堆、充电保护电阻、直流电阻分压器等元件组成。

本体部分：绝缘支柱方管、脉冲电容器、波头电阻、波尾电阻、充电电阻、点火铜球、传动机构、偶合电容器、自动放电开关等元件组成。

控制及测量部分：控制系统、弱阻尼电容分压器(含低压臂、测量电缆)、点火触发装置(装在本体底座上)等。

图4-4是冲击电压发生器的结构图。本体由两根环氧方管钻孔后与脉冲电容器用螺栓连接,构成一个稳定的结构并组成一级,各级逐级叠加,拆装检修方便,整体结构稳定可靠。冲击电压发生器的储能设备是电容,根据储能的不同,发生器的每级都有一组电感小、容量大的双套管输出的脉冲电容。脉冲电容是由金属外壳和陶瓷套管、电容器元件、电容油组装而成,即使在额定工况下连续工作,它们也有比较长的寿命。当停止试验时可通过接地系统自动可靠接地并通过放电电阻将电容器内储存的能量释放。

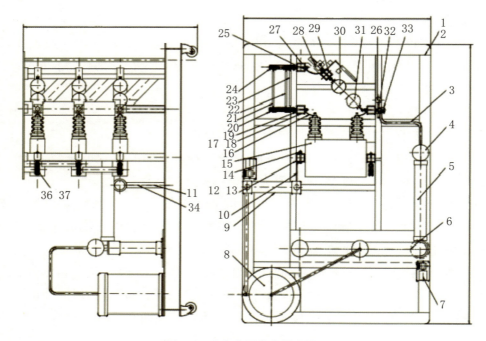

图4-4　冲击电压发生器结构图

1.转向轮　2.本体底座　3.导电杆　4.电阻分压器　5.保护电阻　6.硅堆换极性装置　7.接地装置　8.充电变压器　9.保护电阻Ⅰ　10.连接片　11.电容固定支柱　12.电容固定板　13.电容固定螺栓　14.脉冲电容器　15.脉冲电容器连接　16.球架绝缘支柱　17.支柱固定块　18.支柱下固定块　19.波头波尾电阻搁杆　20.波尾电阻　21.间隙电阻　22.波头电阻　23.间隙搁杆　24.传动球连接片　25.波头电阻下搁杆　26.下传动装置　27.传动球杆　28.触发铜球　29.点火铜球　30.偶合电容器　31.充电电阻　32.充电电阻搁杆　33.保护电阻支撑　34.传动杆　35.传动箱体　36.钳位电阻　37.钳位电阻搁杆

点火铜球安装在垂直的环氧方管上,在设备运行过程中,点火球隙可通过齿轮减速电机控制的绝缘传动杆转动来调节。触发装置产生高压脉冲信号,通过偶合电容器发送到第一级球隙,导致击穿。第一级球隙击穿产生的过电压引起全部球隙击穿,形成同步。

发生器上所用电阻都是插接式的线绕电阻。雷电波的波头、波尾电阻都是无感绕制,具备电感小的特点。波头电阻和波尾电阻安装在发生器的环氧方管两柱之间。充电电阻则安装在另一侧的环氧方管上。波头电阻和波尾电阻表面,均有电压等级及阻值标识,便于区分不同的电阻阻值。

为确保调试人员的人身安全,提供一个快速接地系统,一旦发生异常,只要切断电源,放电开关会经保护电阻自动接地,将所有的冲击脉冲电容电荷通过最下一级的电阻放电。

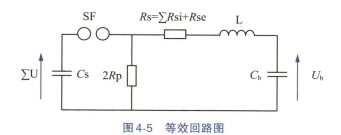

图4-5　等效回路图

冲击电压发生器可产生一定电压幅值的波形。这个电压幅值,用于考核电气设备的电压耐受能力。冲击电压发生器是根据Marx回路的原理构建的。其等效回路如图4-5所示,分压器作为成套试验设备的重要组成,是由单节电容器组装而成。高压臂电容安装在机械强度较高的可移动金属底盘上,底盘上装有聚氨酯万向轮可手推移动。顶部装有均压装置,以防止操作时异常闪络放电。弱阻尼分压器如图4-6所示。

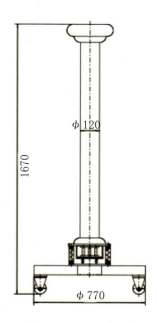

图4-6　弱阻尼分压器

(3)调整和试验。

调整和试验时,对安全及场地的要求为:

① 试验操作人员应对发生器的性能和操作方法,要有全面的了解。

② 发生器及试品对周围物体应有一定的安全距离。此套冲击发生器安全距离大于 1.5 m。

③ 每次使用前须确认冲击发生器已经接地,并使用万用表确认接地点的电阻阻值小于 0.5 Ω。

④ 每次更换调波元件、试品及接线方式前需要用接地良好、可靠的接地杆对每一级电容的出头部位进行放电,并做到操作人员触碰任意位置前都须用接地棒放电。

⑤ 每半年需对接地电阻进行确认,接地电阻必须小于 0.5 Ω。

⑥ 成套冲击发生器充、放电过程中严禁触摸冲击发生器本体、弱阻尼电容分压器、直流充电装置的任何部位,防止人身伤亡事故的发生。

⑦ 清扫场地,揩抹发生器各部件,尤其要把各部件外绝缘表面揩抹干净。揩抹宜用布或绸,不得用棉纱或纸屑。

发生器依照要求接线后,须进行如下试验前的准备工作:

① 根据操作控制台操作规程,检查控制性能是否正确,连锁是否可靠。

② 清理试验场地并封锁,与试验工作无关的人员严禁进入试验区域。

③ 操作放电开关,分闸,合闸各三次,应动作可靠。

④ 操作点火球极,使传动球在极限位置间往返 2 次。应传动灵活,到达极限位置时,应自动切断电机电源,如果没有检查切断电源,立刻检查相序是否正确,立即更换电源相序。

⑤ 在 0.5~1 倍额定电压下充电,用同步脉冲点火,发生器应能产生 1.2/50 μs 雷电冲击全波,能正常分析波形。

⑥ 发生器在额定电压下充放电 5 次,应工作正常,各处无严重电晕、沿边闪络、击穿等异常现象。

⑦ 充电过程中注意充电电压上升是否平稳,各部件有无放电、闪络现象。

⑧ 触发时应注意各级点火球是否同时放电,如有个别点火球不放电或提早放电(触发失败或自放电)应根据试验环境情况(大气压力、湿度)调节本体球隙距离。

⑨ 触发结束后,按流程规定如要转换充电极性,须检查换极性高压硅堆是否良好。

⑩ 触发结束后,按流程规定如要本体接地杆接地,须检查接地杆是否接地良好。

(4) 测量步骤。

测试前应对被试电容器充分放电并接地,拆除所有接线,做好安全措施。合理布置试验设备,按作业指导书进行接线,并检查测试接线和调压器零位是否可靠接地。取下接地线,通知其他人员远离被试电容器,先进行几次较低幅值的冲击,再进行正常测试。测试结束后应先切断电源,做好防护措施。注意记录冲击波形图。

严格按照所使用测试仪器的操作说明书进行设置和操作。

6. 测试注意事项

（1）当测试仪器需改变时，应注意其量程、准确度和电压等级是否符合试验要求，检定日期是否在有效期内。

（2）进行测试时，应注意波头波尾是否匹配、电流互感器的变比是否合适（必须防止过电流，以免烧毁仪器而造成事故），以及屏蔽是否正确、良好。

（3）检测用的仪器应按要求放好，且应注意不受振动和强电磁场的影响。

（4）检查仪表的初始状态，检查其指示是否正确无误。

（5）检查检测环境条件是否符合仪器使用要求，检查电源电压、频率是否与检测仪器的要求相符。

（6）对须水平放置的仪器，应置于无振动的水平面上；对须垂直放置的仪器应垂直放置，不允许倾斜，以免影响测量精确度。

（7）对金属外壳的仪器应稳妥接地，非金属外壳的仪器应置于绝缘台上，仪器的安装置放地应方便查看，且无触及带电部位的危险，须固定的工件应可靠坚固。对易受磁场干扰的仪器应有屏蔽，对要求严格防电磁干扰的仪器则应置于屏蔽良好的检测室内。

（8）检测过程中，经过多次测量后，若发现检测数据重复性较差时，应查明原因；若发现设备或仪器、仪表损坏时，应立即停止试验，查明原因，经处理（如改用其他合格仪表）并征得现场负责人同意后才可以重新工作，并做好记录。

7. 测试结果分析及测试报告编写

（1）测试结果分析。

① 电容器绝缘未发生击穿。

② 在每一极性下未发生外部闪络。

③ 波形未显示不规则性，或与在降低了的试验电压下记录的波形无显著差异。

（2）测试报告编写。

测试报告填写应包括测试设备编号、测试时间、测试人员、天气情况、环境温度、湿度、测试地点、电容器参数、测试结果、测试结论、试验性质，以及测试仪器和设备的名称、型号、出厂编号，备注栏写明其他需要注意的内容。

4.3.9 放电试验

1. 试验目的

考核电容器是否能够耐受足够的直流电压。

2. 危险点分析及控制措施

防止工作人员触电。在拆、接试验接线前，应将被试设备对地充分放电，以防

117

止剩余电荷、感应电压伤人及影响测量结果。试验设备外壳应可靠接地,测试前与检修负责人协调,不允许有交叉作业,试验接线应正确、牢固,试验人员应精力集中,注意被试样品应与其他设备有足够的安全距离,必要时应加绝缘板等安全措施。

3. 测试前的准备工作

(1)了解被试设备现场情况及试验条件。

查勘现场,查阅相关技术资料,包括该设备历年试验数据及相关规程等,掌握该设备运行及缺陷情况。

(2)测试仪器、设备准备。

选择直流电压发生装置、操作箱、升压器、调压器、电压表、电流表、测试线、温(湿)度计、放电棒、安全带、安全帽、电工常用工具,以及试验临时安全遮拦、标示牌等,并查阅测试仪器、设备及绝缘工器具的检定证书有效期。

(3)做好试验现场安全和技术措施。

向其余试验人员交代工作内容、带电部位、现场安全措施和现场作业危险点,明确人员分工及试验程序。

4. 试验标准

GB/T 12747.1—2017《标称电压1000 V及以下交流电力系统用自愈式并联电容器 第1部分:总则 性能、试验和定额 安全要求 安装和运行导则》第十六节。

5. 测量程序与测试步骤

(1)测量程序。

单元应充以直流电,然后通过电容器端子间最短的间隙放电。电容器应在10 min内承受5次这样的放电。试验电压应为$2U_N$。

在试验后5 min内,应对单元进行一次端子间电压试验。

在放电试验前和电压试验后均应测量电容。两次测量值之差应小于相当于一只元件击穿或一根内部熔丝动作之变化量或2%。

对于多相单元,应按下述方法进行试验:

① 对于三相三角形连接的单元,应将两端子短路,并在第三个端子与短路端子之间施加$2U_N$的电压进行试验。

② 对于三相星形连接的单元,应在两端子之间进行试验,第三个端子空着不连接。试验电压应为$2.31U_N$,使元件两端得到相同的试验电压。

(2)测试步骤。

测试前应对被试电容器充分放电并接地,拆除所有接线,做好安全措施。合理布置试验设备,按作业指导书进行接线,并检查测试接线和调压器零位是否可靠接地。取下接地线,通知其他人员远离被试电容器,电容器应在10 min内承受5次试验电压应为2。U_N直流电压放电。在试验后5 min内,应对单元进行一次端子间电压试验。测试结束后应先切断电源,做好防护措施。注意记录试验前后电容量。

严格按照所使用测试仪器的操作说明书进行设置和操作。

（3）电容器型式试验放电装置。

① 电容器型式试验放电装置（图4-7）一般使用条件为：

海拔高度：≤1000 m。

环境温度：−25 ℃～+40 ℃。

空气相对湿度：≤90%（20 ℃）。

使用环境：户内。

无导电尘埃，无火灾及爆炸危险，不含有腐蚀金属和绝缘的气体存在。

电源电压的波形为实际正弦波，波形畸变率<5%。

设有可靠接地点，接地电阻小于0.5 Ω。

② 结构及功能说明。

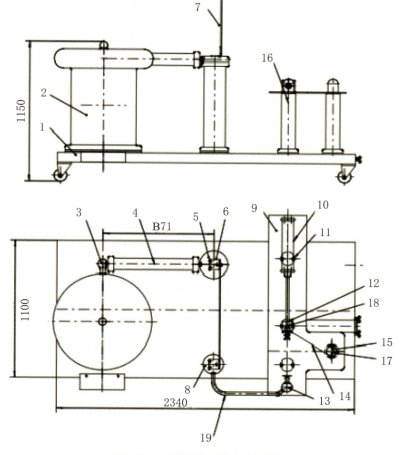

图4-7 电容器型式试验放电装置

1.底座 2.充电变压器 3.连接头 4.整流硅堆 5.滤波电容器 6.串联电阻支架 7.串联电阻 8.绝缘支柱1 9.环氧板 10.气缸传动 11.尼龙螺钉 12.放电支架 13.充电球 14.铜皮 15.过渡接头 16.绝缘支柱2 17.电阻分压器 18.间隙放电装置 19.导电管

③ 操作要点。

试验人员应做好分工，明确相互间联系办法，并有专门人监护现场安全及观察试品状态。

被试品应先清扫干净，并绝对干燥，以免损坏被试品和试验带来的误差。

对于大型试验，一般都应先进行空载试验。即不接试品时升压至试验电压，校对各种表计，调整球间隙。

升压速度不能太快，且须防止突然加压。升压速度可通过调压速度旋钮控制。

当电压升至试验电压时，开始计时，到耐压计时结束后，调压器自动迅速降压到1/3试验电压以下时，才能将电源分闸。

在升压或耐压试验过程，如发现不正常情况时，应立即拍下急停，切断电源、自动降压。停止试验并查明原因。

耐压试验前后应测量绝缘电阻，检查绝缘情况。

在升压时，切要观察各表计是否正常情况下工作，严禁超负荷工作。

所有接地为一点接地。

设备严禁倾倒，缺油时严禁使用。

绝缘外壳及铁外壳的高压套管，严禁碰撞、划伤。

整体设备严禁在温度低于−25 ℃时存贮或使用。

设备调换环境时，环境相对温差不得大于15 K。

套管及外壳表面严禁覆水、冰、雪，室内设备严禁室外存贮使用。试验前须到设备间查看快速过电压装置、电源柜的控制电源是否正常。

6. 测试注意事项

（1）当测试仪器须改变时，应注意其量程、准确度和电压等级是否符合试验要求，检定日期是否在效期内。

（2）进行测试时，应注意波头波尾是否匹配、电流互感器的变比是否合适（必须防止过电流，以免烧毁仪器而造成事故），以及屏蔽是否正确、良好。

（3）检测用的仪器应按要求放好，且应注意不受振动和强电磁场的影响。

（4）检查仪表的初始状态，检查其指示是否正确无误。

（5）检查检测环境条件是否符合仪器使用要求，检查电源电压、频率是否与检测仪器的要求相符。

（6）对须水平放置的仪器，应置于无振动的水平面上；对须垂直放置的仪器应垂直放置，不允许倾斜，以免影响测量精确度。

（7）对金属外壳的仪器应稳妥接地，非金属外壳的仪器应置于绝缘台上，仪器的安装置放地应方便查看，且无触及带电部位的危险，须固定的工件应可靠坚固。对易受磁场干扰的仪器应有屏蔽，对要求严格防电磁干扰的仪器则应置于屏蔽良好的检测室内。

（8）检测过程中,经过多次测量后,若发现检测数据重复性较差时,应查明原因;若发现设备或仪器、仪表损坏时,应立即停止试验,查明原因,经处理(如改用其他合格仪表)并征得现场负责人同意后才可以重新工作,并做好记录。

7. 测试结果分析及测试报告编写

（1）测试结果分析。

① 在试验后5 min内,应对单元进行一次端子间电压试验,且试验合格。

② 在放电试验前和电压试验后均应测量电容。两次测量值之差应小于一只元件击穿或一根内部熔丝动作之变化量或2%。

（2）测试报告编写。

测试报告填写应包括测试设备编号、测试时间、测试人员、天气情况、环境温度、湿度、测试地点、电容器参数、测试结果、测试结论、试验性质,以及测试仪器和设备的名称、型号、出厂编号,备注栏写明其他需要注意的内容。

4.3.10 老化试验

1. 试验目的

对于并联电容器及交流滤波电容器,老化试验是对元件其电介质设计及其组合以及将这些元件组装进电容器单元的制造工艺(元件卷绕、干燥和浸渍)的一种试验,主要用来验证在升高的温度下提高试验电压所造成的老化进程不至于引起电介质过早击穿。该试验可以覆盖一定范围的电容器设计。

老化试验应作为特殊试验由制造方对一特定电介质系统进行,即不是对每一特定额定值的电容器。该试验结果适用于所规定限度内的各类额定值的电容器。

2. 危险点分析及控制措施

防止工作人员触电。在拆、接试验接线前,应将被试设备对地充分放电,以防止剩余电荷、感应电压伤人及影响测量结果。试验设备外壳应可靠接地,测试前与检修负责人协调,不允许有交叉作业,试验接线应正确、牢固,试验人员应精力集中,注意被试样品应与其他设备有足够的安全距离,必要时应采取加绝缘板等安全措施。

3. 测试前的准备工作

（1）了解被试设备现场情况及试验条件。

查勘现场,查阅相关技术资料,包括该设备历年试验数据及相关规程等,掌握该设备运行及缺陷情况。

（2）测试仪器、设备准备。

选择操作箱、升压器、调压器、电压表、电流表、测试线、标准电容、精密电桥、温(湿)度计、放电棒、接地线、安全帽、电工常用工具,以及试验临时安全遮拦、标示牌等,并查阅测试仪器、设备及绝缘工器具的检定证书有效期。

（3）做好试验现场安全和技术措施。

向其余试验人员交代工作内容、带电部位、现场安全措施和现场作业危险点，明确人员分工及试验程序。

4. 试验标准

GB/T 12747.2—2017《标称电压1000 V 及以下交流电力系统用自愈式并联电容器 第2部分：老化试验、自愈性试验和破坏试验》。

5. 测量程序与测试步骤

（1）测量程序。

试验条件：在步骤①和步骤③期间，单元外壳的温度应是该单元24 h内平均最高温度加上同样的单元在热稳定性试验结束时测得的外壳温度与冷却空气温度的差值。老化试验的步骤②应在室温下进行。

在强迫循环的空气中进行试验时，将电容器单元放入有热空气循环的封闭箱中，箱中空气循环的速度应能使封闭箱中各点的温度相差不超过±2 ℃。自动调节封闭箱温度用的热敏元件应放置在电容器外壳表面由下向上计的四分之三处。电容器应立放，使其端子竖直向上。当多台电容器一起进行试验时，各台电容器之间应有足够的间距，以使温度有足够的均匀性。将电容器放入未加热的封闭箱之后，应将温度自动调节器调到规定的温度值。然后在电容器不通电的状态下将封闭箱加热到稳定状态，当电容器的外壳温度达到规定温度（允许有±2 ℃的偏差）后，就认为封闭箱已达到了热稳定。接着给电容器施加规定的电压。

在液体槽中进行试验时，将电容器单元浸入充满液体的容器中，以适当的方式加热液体，使液体在整个试验期间均保持在规定的温度。保持这个温度，允许偏差±2 ℃。应注意确保邻近电容器的温度也在这一范围之内。在电容器达到规定的液体槽温度之前，对电容器不予通电。然后给电容器施加规定的电压。当端子的绝缘或与电容器固定连接的电缆的绝缘有可能被加热的液体损坏时，允许将电容器放置得使这些端子或电缆刚好处于液体表面之上。

（2）测试步骤。

测试前应对被试电容器充分放电并接地，拆除所有接线，做好安全措施。合理布置试验设备，按作业指导书进行接线，并检查测试接线和调压器零位是否可靠接地。取下接地线，通知其他人员远离被试电容器。

① 电容器应在$1.25U_N$的电压下通电750 h。考虑到供电电压的偏差，试验电压应是整个试验持续期间的平均值。

② 电容器应承受下述的放电循环1000次。将电容器充电到$2U_N$的直流电压，通过电感放电（外部回路使用的电缆和电感应具有与最大允许电流相适应的截面），每一循环的持续时间至少为30 s。

③ 重复步骤①的内容。

在整个试验过程中，外壳的温度均应保持在测量程序规定之值。

对于三相电容器,进行试验程序的步骤①和步骤③时,所有相均应受到 $1.25\,U_\mathrm{N}$ 的电压,这可用三相电源或将电容器的内部连接改为单相,使用单相电源。

由于本试验持续时间长,可能会发生意外电压中断。在中断的时候,电容器单元应保持同样的试验设置,并且试验时间也应中断。如果外壳加热中断,老化试验时应按照相同的开始条件恢复。

测试结束后应先切断电源,做好防护措施。严格按照所使用测试仪器的操作说明书进行设置和操作。

6. 测试注意事项

(1)当测试仪器需要改变时,应注意其量程、准确度和电压等级是否符合试验要求,检定日期是否在有效期内。

(2)进行测试时,必须防止过电流,以免烧毁仪器而造成事故。检查屏蔽是否正确、良好。

(3)检测用的仪器应按要求放好,且应注意不受振动和强电磁场的影响。

(4)检查仪表的初始状态,检查其指示是否正确无误。

(5)检查检测环境条件是否符合仪器使用要求,检查电源电压、频率是否与检测仪器的要求相符。

(6)对须水平放置的仪器,应置于无振动的水平面上;对须垂直放置的仪器应垂直放置,不允许倾斜,以免影响测量精确度。

(7)对金属外壳的仪器应稳妥接地,非金属外壳的仪器应置于绝缘台上,仪器的安装置放地应方便查看,且无触及带电部位的危险,须固定的工件应可靠坚固。对易受磁场干扰的仪器应有屏蔽,对要求严格防电磁干扰的仪器则应置于屏蔽良好的检测室内。

(8)检测过程中,经过多次测量后,若发现检测数据重复性较差时,应查明原因;若发现设备或仪器、仪表损坏时,应立即停止试验,查明原因,经处理(如改用其他合格仪表)并征得现场负责人同意后才可以重新工作,并做好记录。

7. 测试结果分析及测试报告编写

(1)测试结果分析。

① 试验期间,不应发生永久性击穿、开路或闪络。

② 试验结束后,电容器应自然冷却到环境温度,然后在与试验前相同的条件下测量电容。与试验前的测量值相比,电容最大允许变化:对所有相的平均值为 3%,而对其中一相为 5%。

③ 重复规定的密封性试验,满足密封性试验结果判定条件。

(2)测试报告编写。

测试报告填写应包括测试设备编号、测试时间、测试人员、天气情况、环境温度、湿度、测试地点、电容器参数、测试结果、测试结论、试验性质,以及测试仪器和设备的名称、型号、出厂编号,备注栏写明其他需要注意的内容。

4.3.11 自愈性试验

1. 试验目的

电容器自愈性指的是金属化薄膜电容器会在产品发生电击穿时,金属化电极被迅速蒸发掉,在击穿点的四周形成明显的绝缘晕圈,从而把击穿区域隔离开来,恢复电容器的正常工作。自愈性试验即是考核电容器自愈能力的最有效手段。

2. 危险点分析及控制措施

防止工作人员触电。在拆、接试验接线前,应将被试设备对地充分放电,以防止剩余电荷、感应电压伤人及影响测量结果。试验设备外壳应可靠接地,测试前与检修负责人协调,不允许有交叉作业,试验接线应正确、牢固,试验人员应精力集中,注意被试样品应与其他设备有足够的安全距离,必要时应加绝缘板等安全措施。

3. 测试前的准备工作

(1) 了解被试设备现场情况及试验条件。

查勘现场,查阅相关技术资料,包括该设备历年试验数据及相关规程等,掌握该设备运行及缺陷情况。

(2) 测试仪器、设备准备。

选择操作箱、升压器、调压器、电压表、电流表、测试线、标准电容、精密电桥、温(湿)度计、放电棒、安全帽、电工常用工具,以及试验临时安全遮拦、标示牌等,并查阅测试仪器、设备及绝缘工器具的检定证书有效期。

(3) 做好试验现场安全和技术措施。

向其余试验人员交代工作内容、带电部位、现场安全措施和现场作业危险点,明确人员分工及试验程序。

4. 试验标准

GB/T 12747.2—2017《标称电压1000 V及以下交流电力系统用自愈式并联电容器 第2部分:老化试验、自愈性试验和破坏试验》。

5. 测量程序与测试步骤

(1) 测量程序。

这一试验可以在完整的单元上进行,也可在作为单元一部分的单个元件上或元件组上进行,由制造方选择。但被试元件或元件组应与单元中的实际元件或元件组相同,并且所处的条件也应与单元中的元件或元件组相同。

电容器或元件应承受历时10 s的2.15 U_N 的交流电压或者是3.04 U_N 的直流电压(2.15U_N 的交流峰值电压)。

若在这段时间内发生的自愈数少于5次,则应缓缓升高电压,直到从试验开始起发生5次自愈或直到电压达到交流3.5 U_N 或直流4.95 U_N 为止。

当电压达到上述电压限值并历时10 s后,如果发生的自愈数仍少于5次,但至少发生了一次自愈,就应结束试验。

若没有发生自愈,应继续试验直到获得至少一次自愈或中断试验而对另一相同单元或元件重新试验。

(2)测试步骤。

测试前应对被试电容器充分放电并接地,拆除所有接线,做好安全措施。合理布置试验设备,按作业指导书进行接线,并检查测试接线和调压器零位是否可靠接地。取下接地线,通知其他人员远离被试电容器。

① 电容器加压至2.15 U_N 的交流电压或是3.04 U_N 的直流电压(2.15 U_N 的交流峰值电压),承受10 s,记录自愈次数。

② 若在这段时间内发生的自愈数少于5次,则应缓缓升高电压,直到从试验开始起发生5次自愈或直到电压达到交流3.5 U_N 或直流4.95 U_N 为止。

③ 在试验前后应测量电容和 $\tan \delta$。

测试结束后应先切断电源,做好防护措施。严格按照所使用测试仪器的操作说明书进行设置和操作。

6. 测试注意事项

(1)当测试仪器需要改变时,应注意其量程、准确度和电压等级是否符合试验要求,检定日期是否在有效期内。

(2)进行测试时,必须防止过电流,以免烧毁仪器而造成事故。检查屏蔽是否正确、良好。

(3)检测用的仪器应按要求放好,且应注意不受振动和强电磁场的影响。

(4)检查仪表的初始状态,检查其指示是否正确无误。

(5)检查检测环境条件是否符合仪器使用要求,检查电源电压、频率是否与检测仪器的要求相符。

(6)对须水平放置的仪器,应置于无振动的水平面上;对须垂直放置的仪器应垂直放置,不允许倾斜,以免影响测量精确度。

(7)对金属外壳的仪器应稳妥接地,非金属外壳的仪器应置于绝缘台上,仪器的安装置放地应方便查看,且无触及带电部位的危险,须固定的工件应可靠坚固。对易受磁场干扰的仪器应有屏蔽,对要求严格防电磁干扰的仪器则置于屏蔽良好的检测室内。

(8)检测过程中,经过多次测量后,若发现检测数据重复性较差时,应查明原因;若发现设备或仪器、仪表损坏时,应立即停止试验,查明原因,经处理(如改用其他合格仪表)并征得现场负责人同意后才可以重新工作,并做好记录。

7. 测试结果分析及测试报告编写

（1）测试结果分析。

① 试验前后电容变化应小于0.5%。当对试验前后测量电容的结果进行比较时，应考虑以下两个因素：测量的再现性；介质内部的变化可能会引起小的电容变化，而这对电容器不会造成损伤。

② 比较试验前 $\tan \delta_0$ 和试验后的 $\tan \delta$。试验前后的介质损耗因素应满足以下要求：

$$\tan \delta \leqslant 1.1\tan \delta_0 + 1\times10^{-4}（50\ Hz\ 或\ 60\ Hz）$$

（2）测试报告编写。

测试报告填写应包括测试设备编号、测试时间、测试人员、天气情况、环境温度、湿度、测试地点、电容器参数、测试结果、测试结论、试验性质，以及测试仪器和设备的名称、型号、出厂编号，备注栏写明其他需要注意的内容。

4.3.12 破坏试验

1. 试验目的

通过电容器破坏性试验，验证电容器压力释放阀的作用，观察和评估电容器损坏的故障情况和后果，为电容器的安全应用提供依据。破坏试验即是评估电容器损坏的故障情况的最有效手段。

2. 危险点分析及控制措施

防止工作人员触电。在拆、接试验接线前，应将被试设备对地充分放电，以防止剩余电荷、感应电压伤人及影响测量结果。试验设备外壳应可靠接地，测试前与检修负责人协调，不允许有交叉作业，试验接线应正确、牢固，试验人员应精力集中，注意被试样品应与其他设备有足够的安全距离，必要时应采取加绝缘板等安全措施。

3. 测试前的准备工作

（1）了解被试设备现场情况及试验条件。

查勘现场，查阅相关技术资料，包括该设备历年试验数据及相关规程等，掌握该设备运行及缺陷情况。

（2）测试仪器、设备准备。

选择操作箱、升压器、调压器、电压表、电流表、测试线、标准电容、精密电桥、温（湿）度计、放电棒、接地线、安全帽、电工常用工具，以及试验临时安全遮拦、标示牌等，并查阅测试仪器、设备及绝缘工器具的检定证书有效期。

（3）做好试验现场安全和技术措施。

向其余试验人员交代工作内容、带电部位、现场安全措施和现场作业危险点，明确人员分工及试验程序。

4. 试验标准

GB/T 12747.2—2017《标称电压1000 V及以下交流电力系统用自愈式并联电容器 第2部分：老化试验、自愈性试验和破坏试验》。

5. 测量程序与测试步骤

（1）测量程序。

试验应在电容器单元上进行，如果需要，应将放电电阻断开以免发生燃烧，可以使用已通过老化试验的电容器。

对于多相单元，试验应仅在两端子间进行。对于三相三角形连接的单元，应将其中的两个端子短接；对于三相星形连接的单元，则不必短接端子。

试验的原理是以直流电压促使元件破坏，接着在对电容器单元施加交流电压的情况下检验电容器的性能。

（2）测试步骤。

电容器应放置在具有循环空气的恒温箱中，恒温箱中的空气温度应等于电容器温度类别中的最高环境空气温度。

当电容器的所有部分均已达到恒温箱的温度后，按图4-8给出的电路进行以下试验程序：

① 选择开关H和K分别置于"1"和"a"的位置，将交流电源电压整定到1.3 U_N 并记录流经电容器的电流。

② 将直流电源电压调到10 U_N，然后将开关H置于位置"2"，调节可变电阻器使直流短路电流为300 mA。

③ 将开关H置于位置"3"，开关K置于位置"b"，对电容器施加直流试验电压，直到电压表指示大约为零，并保持至少3 s。

此外，也可以逐步增加直流电压（最大到10 U_N）直到在电容器上产生300 mA的短路电流，并保持至少3 s。

④ 然后将开关K再次置于位置"a"，对电容器施加交流试验电压，历时3 min，并再次记录通过电容器的电流值。

可能出现下述情况：

a. 电流表 I 和电压表 U 都指零。在这种情况下，应检查熔断器，若熔断器中的熔断件熔断，则应予以更换，然后对电容器施加交流电压；若熔断器中的熔断件再次熔断，则中断程序；若熔断器中的熔断件不熔断，则仅使用开关K继续对电容器施加如步骤③和④规定的直流和交流电压试验程序。

b. 电流表 I 指示的电流低于初始值的66%，而电压表 U 指示1.3 U_N在这种情况下中断程序。

c. 电流表 I 指示的电流高于初始值的66%，在这种情况下，继续进行（直流—交流）程序。中断程序后，将电容器冷却到环境温度，并进行端子与外壳间的电压试验,施加 1500 V 交流试验电压,历时 10 s。

交流试验电源在电容器端子间的短路电流应不小于 2000 A。

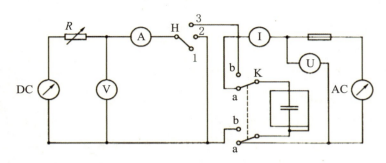

图4-8　破坏试验电路

6. 测试注意事项

（1）当测试器需要改变时,应注意其量程、准确度和电压等级是否符合试验要求,检定日期是否在有效期内。

（2）进行测试时,必须防止过电流,以免烧毁仪器而造成事故。检查屏蔽是否正确、良好。

（3）检测用的仪器应按要求放好,且应注意不受振动和强电磁场的影响。

（4）检查仪表的初始状态,检查其指示是否正确无误。

（5）检查检测环境条件是否符合仪器使用要求,检查电源电压、频率是否与检测仪器的要求相符。

（6）对须水平放置的仪器,应置于无振动的水平面上;对须垂直放置的仪器应垂直放置,不允许倾斜,以免影响测量精确度。

（7）对金属外壳的仪器应稳妥接地,非金属外壳的仪器应置于绝缘台上,仪器的安装置放地应方便查看,且无触及带电部位的危险,须固定的工件应可靠坚固。对易受磁场干扰的仪器应有屏蔽,对要求严格防电磁干扰的仪器则置于屏蔽良好的检测室内。

（8）检测过程中,经过多次测量后,若发现检测数据重复性较差时,应查明原因;若发现设备或仪器、仪表损坏时,应立即停止试验,查明原因,经处理（如改用其他合格仪表）并征得现场负责人同意后才可以重新工作,并做好记录。

7. 测试结果分析及测试报告编写

（1）测试结果分析。

试验结束时,每台电容器的外壳应完整无损,只有在满足下列条件的前提下,才允许排气孔正常动作或外壳有较小损伤（如裂纹）。

① 逸出的液体材料可以润湿电容器的外表面,但不得成滴下落。

② 电容器的外壳可以变形和损伤,但不能爆裂。

③ 不应有火焰和(或)火星从开口处喷出。这一点可将电容器用纱布(粗棉布)包起来的方法来检验,以纱布燃烧或烧焦作为失效的判据。

④ 端子与外壳间的介质经受1500 V历时10 s的试验结果应符合4.3.4节《端子与外壳间电压试验》要求。

(2)测试报告编写。

测试报告填写应包括测试设备编号、测试时间、测试人员、天气情况、环境温度、湿度、测试地点、电容器参数、测试结果、测试结论、试验性质,以及测试仪器和设备的名称、型号、出厂编号,备注栏写明其他需要注意的内容。

第5章 典型案例与分析

5.1 高压并联电容器局部放电测量异常案例

5.1.1 被测样品概况

电容器生产厂家：××电力电容器有限公司，型号：BAM11/2$\sqrt{3}$-200-1W，2013年6月出厂，额定电压为11/2$\sqrt{3}$ kV，额定容量为200 kvar，额定电流为62.98 A，实测电容为83.9 uF。

5.1.2 现场检测情况

对电容器局部放电检测的现场布置如图5-1所示。将电容器两个套管短接，并由调压变压器引入外施电压，外壳接地，即测量电容器套管对外壳的放电信号。为检测放电信号，将超声传感器紧贴在电容器壁上，其接收到的信号由光纤传输，并通过光电转换器转换为电信号传输检测电桥中，按照DL/T 840—2016《高压并联电容器使用技术条件》6.2.7条规定的步骤开展测试。

（a）正对电容器

图5-1 电容器局部放电检测现场布置图

（b）背对电容器

图5-1(续)　电容器局部放电检测现场布置图

5.1.3　检测结果分析

当外施电压为23 kV时,即能检测到超声信号。超声检测仪检测到的信号波形、频谱和PRPD谱图如图5-2所示。可见,一个完整超声信号的幅值可达425 mV（由放电量归算）,持续时间约为2500 μs,信号上升沿较陡;频率在40～300 kHz范围内,主要频率分量为78 kHz;PRPD谱图的放电点较为集中,呈现出明显局部放电特性。可见,采集到的超声信号较为剧烈,且具有明显局部放电特性,故初步判定为设备内部存在局部放电。

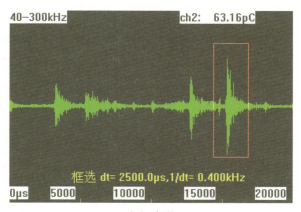

（a）波形

图5-2　电容器局部放电超声检测结果

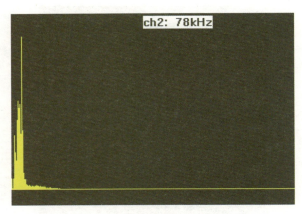

（b）频谱

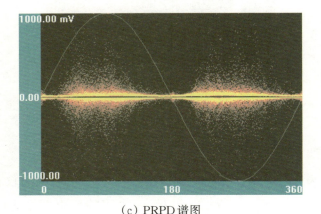

（c）PRPD谱图

图5-2（续） 电容器局部放电超声检测结果

5.1.4 辅助检测结果分析

利用可移动式天线阵列进行非接触式局部放电检测与定位,并用紫外、红外、高频电流等方法进行辅助诊断。实验结果表明:可移动式天线阵列能够检测到电容器内部泄漏出来的电磁波信号,具有与超声检测法接近的灵敏度。天线阵列的定位结果指向电容器套管处,天线检测处有套管泄漏出来的电容器内部发出的局部放电特高频电磁波信号,其他辅助检测手段能够验证天线阵列检测结果的可靠性。

用特高频天线阵列检测到放电信号如图5-3所示。信号持续时间大约为160 ns,上升沿较陡,尾部振铃效应较明显,是由于设备内部因局部放电而发出的特高频信号经过多次折反射;放电信号频率较低(350 MHz以下),在875 MHz的信号为GSM手机通讯噪声,而在100 MHz处信号强度较大,不能排除电晕噪声干扰的可能。

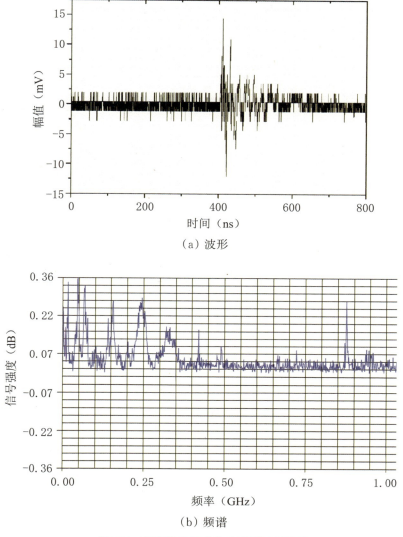

（a）波形

（b）频谱

图5-3　电容器局部放电检测现场布置图

　　接下来,对检测到的特高频电磁波信号进行定位。该系统具有两种定位算法,即时间差法和空间谱估计法。基于时差法的定位方法,利用累积能量函数法提取各天线接收到放电信号的初始时刻,从而得到时间差,并利用空间几何关系得到局部放电信号相对于天线阵列中心的方位角和俯仰角,如式1和图5-4所示;基于空间谱估计的定位算法,利用相邻天线阵元接收到信号的相位差信息,通过宽带聚焦算法和窄带定位算法,绘制出放电信号的空间谱图,如图5-5所示,从而得到方位角和俯仰角。

$$\begin{cases} \alpha = \tan^{-1}\left[\dfrac{(D_{12}t_{43})/(D_{43}t_{12}) - \cos\phi}{\sin\phi}\right] \\ \beta = \cos^{-1}\left(c\sqrt{\dfrac{\left(t_{43}/D_{43} - (t_{12}\cos\phi)/D_{12}\right)^2}{\sin^2\phi} + \left(\dfrac{t_{12}}{D_{12}}\right)^2}\right) \end{cases} \qquad (1)$$

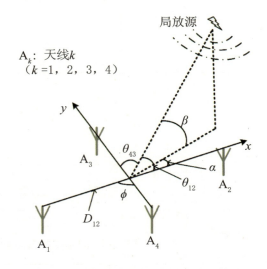

图5-4　基于时间差法的局部放电定位算法原理

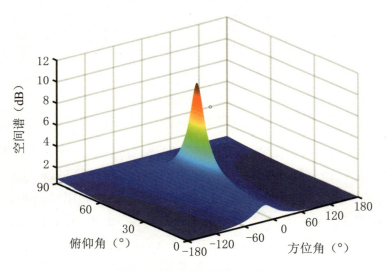

图5-5　放电信号的空间谱图

在天线能够检测到放电信号的基础上,下面利用天线阵列对放电信号进行定位。图5-6(a)的天线阵列中心相对电容器的距离为1.5 m,天线阵列排列成直线型,包含三个阵元,阵元间距为0.4 m。采用空间谱法对放电信号进行定位,得到的放电信号方位角为93.4°,即指向电容器左侧套管。与此同时,利用该阵列,采用时间差定位算法再次对放电源进行定位,定位结果同样指向了电容器左侧套管,与空间谱估计的结果相吻合。

(a) 天线阵列相对电容器距离1.5 m   (b) 天线阵列相对电容器距离4.2 m

图5-6　天线阵列布置图

为了验证定位结果的准确性,在图5-6(b)中,改变天线阵列相对电容器的方位和距离,此时,天线阵列中心相对电容器的距离为4.2 m,天线阵列的布置方式保持不变。同样采用空间谱法对放电信号进行定位,得到的方位角为72.3°,同样指向电容器左侧套管,从而验证了之前的实验结果。由于电磁波信号幅值在空气中衰减过于剧烈,为此,添加了信号调理模块对检测信号进行36 dB的放大,其回波损耗如图5-7所示,该模块可使系统检测距离提升至12 m,满足变电站全站站域检测的需求。

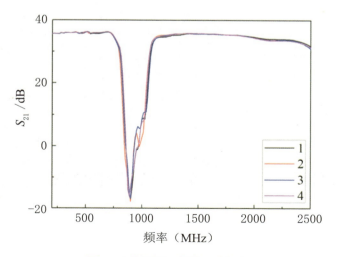

图5-7　信号调理模块回波损耗

值得一提的是，在加压过程中，天线阵列捕获到了特高频电磁波信号，其波形如图5-8所示。该信号电压幅值约17.5 mV，持续时间不超过200 ns。经过时间差定位法确定放电源位置，方位角定位结果为134°，发现指向开关柜，故认为是在加压过程中因继电器动作而发出特高频电磁波信号被天线阵列捕获的结果。

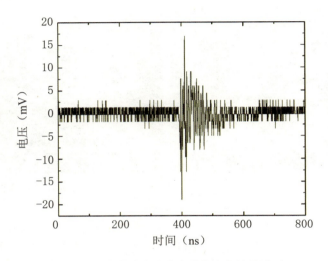

图5-8　继电器动作而发出的特高频信号波形

1. 红外检测结果

　　红外检测结果如图5-9所示，可见电容器套管、外壳和引线处未有过热现象发生，温度接近室温，推测是因为电容器套管对地放电产生的电流过小，导致电容器温度接近室温。

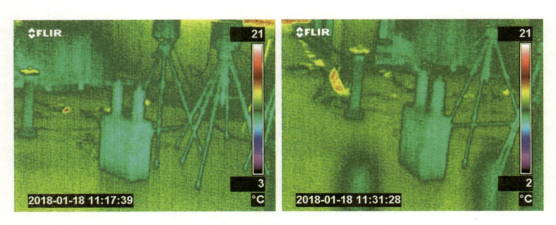

图5-9　红外检测仪检测电容器温度分布

2. 紫外检测结果

紫外检测结果如图5-10所示,可见电容器套管、外壳、引线处未有放电发生,即可排除电晕放电的可能。由此可见,天线阵列检测到的特高频电磁波信号为设备内部泄漏出来的局部放电信号,而非电晕噪声干扰。

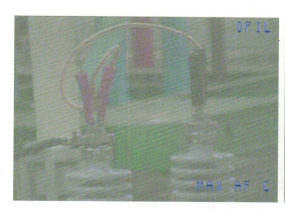

图5-10 紫外检测仪检测电容器外部放电

3. 高频电流法检测结果

经检测,高频电流法未发现放电信号。这是由于套管对外壳的放电产生的电流很微弱,无法被该仪器检测到。

5.2 220 kV变电站10 kV电容器装置跳闸故障案例

5.2.1 变电站及电容器装置基本情况

该220 kV变电站#2主变第三绕组为10 kV电压等级,10 kV母线安装3组并联电容器装置,且该母线上有多条出线给用户供电。并联电容器装置情况如表5-1所示。

表5-1 并联电容器装置情况

编号	装置型号	单台电容器型号	电抗器	额定电流
24#	TBB10-6012/334-ACW	EX-7L,334 kvar,3175 V,BIL:125 kV	5%	315.6 A
26#	TBB10-6012/334-ACW	EX-7L,334 kvar,3175 V,BIL:125 kV	5%	315.6 A
28#	TBB10-8016/334-ACW	EX-7L,334 kvar,3175 V,BIL:125 kV	5%	315.6 A

TBB10-6012/334-ACW 装置采用压差保护,电容器单元为 EX-7Li,3.175 kV。电容器组每相接线结构为 3 并 2 串,放电线圈一次电压为 $11/2\sqrt{3}$,二次电压为 100 V。单台电容器内部串并联数为 2 串 16 并。

TBB10-8016/334-ACW 装置采用压差保护,电容器单元为 EX-7Li,3.175 kV。电容器组每相接线结构为 4 并 2 串,放电线圈一次电压为 $11/2\sqrt{3}$,二次电压为 100 V。单台电容器内部串并联数为 2 串 16 并。

电容器为内熔丝产品,电抗器前置。现场并联电容器装置如图 5-11 所示。

图 5-11 现场并联电容器装置

5.2.2 电容器差动保护和故障保护动作信息

2016 年开始对变电站 10 kV 侧的电容器组进行送电,到 2017 年 10 月发生多次电容器组压差保护跳闸事件。电容器电压差动不平衡保护的原理是电容器故障引起两段电容量之间的比例发生变化,从而使得两个串段的分压变化,此时在放电线圈二次出现压差值。

电压差动保护原理接线图如图 5-12 所示,三相接线一致,图中仅画出 C 相接线。放电线圈二次绕组的两个首端连接,两个末端接电压继电器。

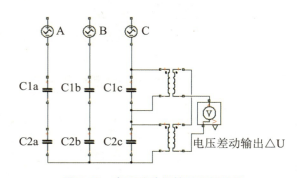

图 5-12 电压差动保护原理接线图

从保护后台调取动作信息,如图5-13所示。

24#电容器组保护跳闸情况	
时间	动作
2017年5月10日07:42:24-426	24#开关合闸
2017年5月10日07:42:24-426	24#开关压差保护动作
2017年5月10日11:23:11-210	24#开关合闸
2017年5月10日11:23:11-427	24#开关压差保护动作
2017年5月10日17:14:04-847	24#开关合闸
2017年5月10日17:14:05-066	24#开关压差保护动作
2017年6月4日08:03:18-765	24#开关压差保护动作
26#电容器组保护跳闸情况	
时间	动作
2017年5月19日06:58:04-876	26#开关压差保护动作
2017年5月21日20:26:05-342	26#开关合闸
2017年5月21日20:26:16-381	26#开关压差保护动作
2017年5月29日00:16:26-926	26#开关压差保护动作
28#电容器组保护跳闸情况	
时间	动作
2017年5月16日15:05:14-107	28#开关压差保护动作
2017年5月17日13:45:52-279	28#开关压差保护动作

图5-13 动作信息

5.2.3 现场测试及故障分析

为进一步排查电容器组压差保护频繁动作的原因,现场组织对28#电容器装置所有电容器的电容值进行了逐台测量。电容量测量结果如表5-2所示。

表5-2 TBB10-8016/334-ACW中各台电容器的电容值测量情况

编号	1#	2#	3#	4#	5#	6#	7#	8#
A 相/uF	106	106.9	106.2	105.5	105.6	105.6	106.4	106.8
B 相/uF	107.3	105.5	102.5	105.9	103.2	102.7	106.9	101.6
C 相/uF	106.7	106	105	106.4	106.1	105.6	104.4	105.3

从表中可以看出,A、C相电容器的电容值均正常,B相有5台电容器值变小。初步判断电容器量降低是导致压差保护动作的原因。

调查设备运行记录发现电容器装置投运以来,故障集中在2017年5月份,28#电容器故障集中在B相。查看系统一次接线图,发现自2017年起有线路给附近高铁牵引变供电。因为高铁牵引变是单相电源,而且牵引变本身是个巨大谐波源,接入系统时会产生较大量的谐波,根据分析判断电容器在过电压和谐波的作用下内部绝缘性能下降,直至发生部分元件击穿,导致电容量下降。

为了进一步分析谐波对电容器组的影响,根据该变电站10 kV母线短路容量对谐波情况进行校验。最大母线短路容量Smax是424 MVA,最小母线短路容量

Smin是306 MVA。经计算，10 kV母线的电容器组与系统发生并联谐振的次数及流入电容器组谐波含量如表5-3、表5-4所示（其中谐波数值是指相对于谐波源的倍数）。

表5-3 最小短路容量下谐波校验

投入电容器组数	投入容量（kvar）	最小短路容量306 MVA时					
		谐振点	2nd	3rd	4th	5th	7th
24#	6012	3.837	0.098	0.414	3.312	0.642	0.377
26#	6012	3.837	0.098	0.414	3.312	0.642	0.377
28#	8016	3.679	0.136	0.641	2.099	0.705	0.447
24#+26#	12024	3.414	0.218	1.416	1.5364	0.782	0.548
24#+28#	14028	3.30	0.264	2.161	1.427	0.807	0.585
26#+28#	14028	3.30	0.264	2.161	1.427	0.807	0.585
24#+26#+28#	20040	3	0.425	无穷大	1.265	0.857	0.669

表5-4 最大短路容量下谐波校验

投入电容器组数	投入容量（kvar）	最小短路容量424 MVA时					
		谐振点	2nd	3rd	4th	5th	7th
24#	6012	4	0.069	0.268	无穷大	0.564	0.304
26#	6012	4	0.069	0.268	无穷大	0.564	0.304
28#	8016	3.857	0.094	0.393	3.643	0.633	0.368
24#+26#	12024	3.630	0.148	0.733	1.937	0.721	0.466
24#+28#	14028	3.532	0.178	0.974	1.708	0.751	0.505
26#+28#	14028	3.532	0.178	0.974	1.708	0.751	0.505
24#+26#+28#	20040	3.278	0.275	2.388	1.409	0.812	0.593

从计算结果可以看出，在最小短路容量的运行方式下，同时投入24#、26#、28# 3组电容器时，电容器组与10kV系统会发生3次谐波的并联谐振；在最大短路容量的运行方式下，单独投入24#和26#组电容器时，电容器组与10 kV系统会发生4次谐波的并联谐振。同时在电力系统中，变压器投切时也会产生含量较高励磁涌流，

涌流中含有3、4次谐波,且由于合闸相位角的不同,三相的谐波产生量大小会不一样。另外由于谐波放大的影响,会导致压差放电线圈铁芯饱和;由于同一台放电线圈两个铁芯制造上的差异,会导致饱和程度不一致,这样压差信号会放大,保护更容易跳闸。

此外,该电容器组加装了工频电抗值为电容器组容抗5%的串联电抗器。220 kV及以上的变电站电容器组容量较大,而由于电网发展和电气化铁路的发展,3次谐波问题比较突出,这就需要安装12%的串联电抗器。

5.2.4 故障仿真

利用MATLAB中Simulink软件,对电容器组进行软件仿真,重点研究差动保护接线形式下,电容量变化对差动输出信号的影响以及叠加谐波信号后输出量的变化。

MATLAB仿真原理如图5-14所示。

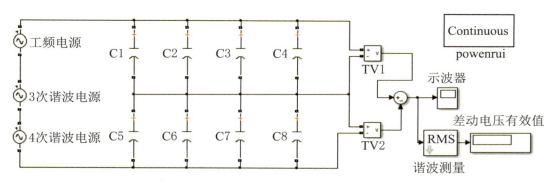

图5-14　MALTLB仿真原理图

根据TBB10-8016/334-ACW集合式电容器连接方式进行仿真,采集输出差动电压信号波形,同时利用软件Simulink中的powergui模块和RMS模块,计算输出电压信号的有效值。用三个串联电压源模拟不同频率的电压,通过改变电压幅值来反映对不同频率谐波的放大作用。用8个RLC串联支路模拟电容器单元,设置电容器单元的电容值与实测电容值相符。

仿真结果如图5-15~5-17所示。

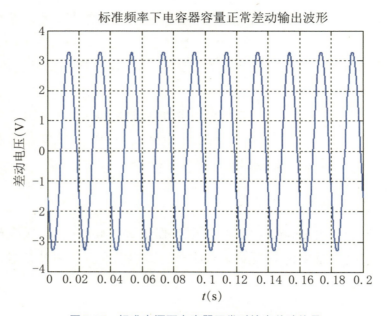

图5-15　标准电源下电容器正常时输出差动信号

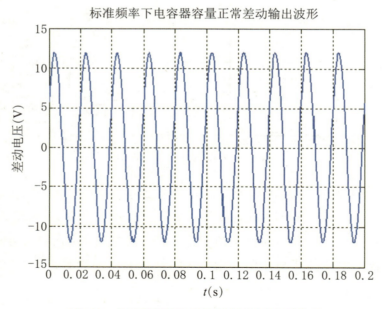

图5-16　标准电源下电容量异常时输出差动信号

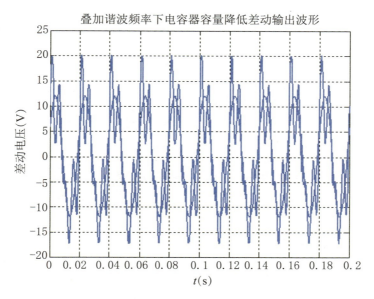

图 5-17   谐波作用下电容量异常时输出差动信号

差动电压信号波形分别为标准频率(50 Hz)下电容器容量正常、标准频率(50 Hz)下 C4 电容量降低 10%、叠加谐波频率(150 Hz 和 200 Hz)下 C4 电容量降低 10% 三种情况下输出结果。根据仿真结果,三种情况下差动输出电压信号有效值分别为 2.241 V、8.172 V、9.045 V。从波形可以看出,电容量异常会导致差动输出波形峰值变大,同时输出电压信号的有效值也明显增大,这会直接导致差动保护动作。当谐波信号叠加进去时,差动输出信号的峰值会进一步增大,有效值随之也增大,并且谐波的引入还会造成输出信号的不对称性,正负峰值不再相同,进一步增大保护动作的可能性。

5.2.5   整改建议

为了彻底解决电容器组差动保护频繁的问题,提出如下整改建议:

(1)查清楚电网 10 kV 系统谐波的来源,并进行治理,确保电容器组不在过负荷的情况运行。

(2)电容器组投切要避开 24# 和 26# 电容器组单台投入,避免系统产生 4 次谐波放大甚至谐振的现象而损坏电容器,同时要避免 24#、26# 和 28# 电容器组三组同时投入,避免系统产生 3 次谐波放大甚至谐振的现象而损坏电容器。

(3)重新对电容器组的压差保护定值进行整定,现有的保护定值为 4.8 V/0.2 s 和 5 V/0.2 s,不能满足运行要求。按照公式重新进行整定。

$$K = \frac{3MNmn(K_V - 1)}{K_V(3MNn - 3MN + 3N - 2)}$$

过电压倍数 Kv 取值 1.5,因故障切除的同一并联段中的电容器元件数 K 为 8.72,取值为 8。相电压保护值为:

$$U_0 = \frac{3KU_N}{3MNmn - K(3MNn - 3MN + 3N - 2)}$$

式中,M 为每相各串联段并联的电容器台数,取 3,N 为每相电容器的串联段数取 2,m 为单台电容器的串联段数,取 16,n 为单台电容器内部的串联段数,取 2,K 为切除同一并联段中电容器元件数,U_N 为电容器组额定相电压,U_0 为相电压差动保护值。

经计算整定结果为 6000 kvar:12 V/0.2 s,8000 kvar:10.4 V/0.2 s,避免电容器组保护频繁跳闸。

(4)远景措施。应对所有电容器更换为 12% 的电抗率,这样可以避免发生 3 次及以上的并联谐振的可能性。

5.3 低压并联电容器故障分析案例

5.3.1 故障概述

2021 年 7 月 13 日,××供电公司××供电所通过线损日检测分析,10 kV××07 线 YT0251××台区低压线损为 11.01%,超过台区线损合格值 7%,当天现场核查该台区线损问题过程中发现电容器组出现故障,该电容器组侧面发生鼓包,底座及上端有液体渗漏,如图 5-18 所示。

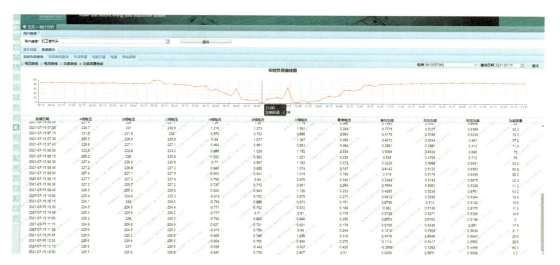

图 5-18　台区实时负荷曲线

5.3.2　设备基本情况

台区投运时间为 2016 年 6 月份。配变型号为 SBH15-M-200/10,杭州钱江电气集团股份有限公司生产,所接用户共有 192 户,低压线路长度约为 483 m,该台区最大负载率 68.42%。

该电容器组由三只型号为 BSMJ0.45-30-3 一只型号为 BSMJ0.25-10-3YN 的电容器组成。

三只型号为 BSMJ0.45-30-3 的电容器生产厂家为××有限公司,生产日期为 2016 年 3 月,额定电压为 0.45 kV,额定电流为 38.5 A,温度类型为 −25/C,接线方式为三角接线,保护装置为过电压保护,绝缘水平为 3 kV(AC),额定输出分别为 30 kvar,整组总容量为 472 μF。

型号为 BSMJ0.25-10-3YN 的电容器生产厂家为××有限公司,生产日期为 2016 年 4 月,额定电压 0.25 kV,额定电流为 13.3 A,温度类型为 −25/C,接线方式为星形接线,保护装置为过电压保护,绝缘水平为 3 kV(AC),额定输出分别为 10 kvar,整组总容量为 509 μF。

5.3.3　实验室检测情况

故障电容器在实验室开展电容量和介损值初测,采用电桥对该电容组进行初测,型号为 BSMJ0.45-30-3 的电容器新的电容值和介损值均明显增大,试验接线如图 5-19 所示。

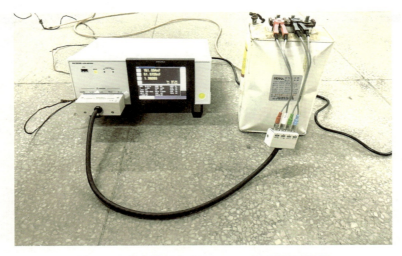

图5-19　电容器(BSMJ0.45-30-3)初测试验接线

　　对型号为BSMJ0.25-10-3YN的电容器开展电容量和介损值初测,测的A、B、C各相电容值近为169.1 μF、169.1 μF和169.2 μF,总电容值为507.4 μF,介损值未见明显变化。试验接线如图5-20所示。

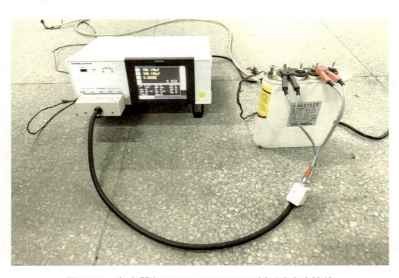

图5-20　电容器(BSMJ0.25-10-3YN)初测试验接线

　　随后,开展电容量和介损值复测。采用2840电桥进行电容量和介损值的复测,依据《标称电压1000 V及以下交流电力系统用自愈式并联电容器 第1部分:总则 性能、试验和定额 安全要求 安装和运行导则》(GB/T 12747.1—2017)的相关要求,在额定电压中、额定频率下进行测量。具体试验接线如图5-21所示。

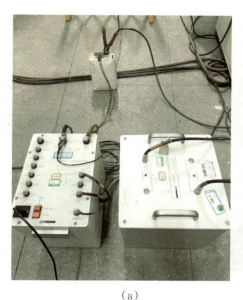 

（a）　　　　　　　　　　　（b）

图 5-21　电容器复测试验接线

　　通过调节励磁变压器，使其能输出两型号电容器的额定电压，具体操作界面如图 5-22 所示。

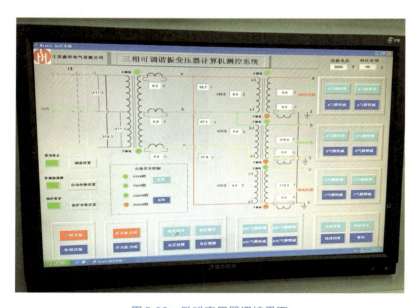

图 5-22　励磁变压器调控界面

　　复测结果显示：型号为 BSMJ0.45-30-3 的电容器无法使其升压至额定电压，且电容值和介损值均出现明显异常。型号为 BSMJ0.25-10-3YN 的电容器三相电容值与初测值一致，为 169.6 μF、169.6 μF、169.8 μF，介损值也未发现明显异常。具体测量界面如图5-23所示(a图为BSMJ0.45-30-3电容器,b图为BSMJ0.25-10-3YN电容器)。

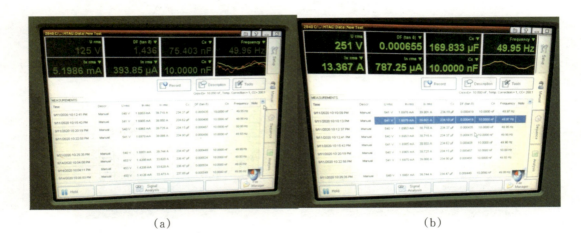

(a)　　　　　　　　　　　　　　　　　　(b)

图5-23　电容值和介损复测测量界面

后续对两种型号的电容器进行内部放电器件试验,给电容器施加$\sqrt{2}U_N$的初始峰值电压,具体试验接线如图5-24所示。经试验发现,BSMJ0.45-30-3电容器无法升压至$\sqrt{2}U_N$,BSMJ0.25-10-3YN电容器可在3 min内由$\sqrt{2}U_N$电压降至3 V,满足GB/T 12747.1—2017中小于75 V的要求,由此判定该电容器具备放电能力。

图5-24　内部放电器件试验接线

5.3.4　检测结果分析

经试验测试得出以下结论:

(1) 型号为BSMJ0.45-30-3的三只电容器,均发生了不同程度的渗漏油和鼓包现象,所测电容值和介损值均发生明显变化,且无法升压至额定电压,短路放电能力同样异常,判定该组三只电容器均损坏。考虑迎峰度夏期间,温度较高、负荷较

高低压并联电容器试验指导手册

重，加上梅雨季节的来临，使之外壳破损，发生渗漏油故障。水器进入电容器内部，致使内部绝缘状态破坏。

（2）型号为BSMJ0.25-10-3YN电容器，外观无渗漏油、无鼓包等异常现象。所测电容值和介损值未发生明显变化，能够升压至额定电压，短路放电能力合格，判定该只电容器仍能满足相关运行要求。

5.3.5　故障后续处理

2021年7月13日，××供电所发现电容器组故障后随即停用台区电容器。7月19日将故障电容器组及一台自控仪进行更换。故障电容器组更换后，台区线损由原来的11.01％降为4.42％，日平均功率因数由原来的55.48％提高为92.5％，如图5-25所示。

图5-25　更换故障电容器后的装置内部结构及台区线损率

5.4 低压并联电容器型式试验不合格案例

5.4.1 设备基本情况

2021年5月,实验室受生产厂家××有限公司委托开展自愈性低压并联电容器的型式试验,该自愈式低压并联电容器的型号为只型号为BSMJ0.45-40-3的电容器生产日期为2021年3月,额定电压为0.45 kV,额定电流为38.5 A,温度类型为−25/C,接线方式为三角接线,保护装置为过电压保护,绝缘水平为3 kV(AC),额定输出分别为40 kvar。

5.4.2 实验室检测情况

故障电容器在实验室开展电容量和介损值初测,采用电桥对该电容组进行初测,该电容器的电容值和介损值均无明显异常。

随后依次开展电容值和介损值的测量、端子间电压试验、端子与外壳间耐压试验、内部放电器件试验、密封性试验和端子与外壳间雷电冲击试验都无明显异常。随后进行热稳定试验及高温下电容器损耗角正切测量。

当电容器的各部分均达到环境空气温度后,对电容器施加实际正弦波的交流电压,历时至少48 h。在试验的最后24 h期间调整电压,使根据实测电容计算得到的试验容量至少为1.44倍额定容量。在6 h期间,电容器外壳从底部向上2/3高度处(不包括端子)测得的温度的变化不大于1 ℃。热稳定试验满足测试要求。热稳定试验装置、内部接线及变压器调控加压界面如图5-26~图5-28所示。

图5-26 热稳定试验装置

图 5-27　热稳定试验内部接线图

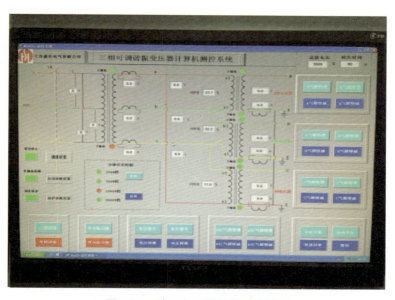

图 5-28　励磁变压器调控加压界面

　　热稳定试验前该样品电容的 AB 端子间的介损值为 0.000452,样品电容的 AC 端子间的介损值为 0.000458,样品电容的 BC 端子间的介损值为 0.000586。冷却后复测电容的介损值,测得该样品电容的 AB 端子间的介损值为 0.000754,样品电容的 AC 端子间的介损值为 0.000780,样品电容的 BC 端子间的介损值为 0.000817,测试接线图及测试结果如图 5-29～图 5-32 所示。

图 5-29　冷却后复测电容的介损值接线试验图

图 5-30　冷却后复测电容 AB 端子间的介损值

图5-31　冷却后复测电容AC端子间的介损值

图5-32　冷却后复测电容BC端子间的介损值

5.4.3　检测结果分析

比对热稳定试验前后两次电容端子间介损值,依据《标称电压1000 V及以下交流电力系统用自愈式并联电容器 第1部分:总则 性能、试验和定额 安全要求 安装和运行导则热稳定试验的判定标准》(GB/T 12747.1—2017),在热稳定性试验前后,应在(20±15)℃的温度下测量损耗角正切(tan δ)。损耗角正切的第2次测量值和第1次测量值相比,其增量应不大于2×10^{-4},而该样品电容热稳定试验前后的损耗角正切(tan δ)超过2×10^{-4},不满足判定合格要求。由此可以判定该样品电容热稳定试验及高温下介损值测量试验不合格。

5.4.4　不合格样品后续处理

将样品电容送回厂家进行解体分析,并对原材料进行抽检发现样品电容器所采用的介质薄膜存在缺陷,致使样品电容器出现热稳定试验不合格的现象,后续将加强样品原材料的抽检和把控,确保设备性能稳定,满足各类型式试验和特殊试验的标准要求。

附录1 高压并联电容器试验报告模板

××质量检验中心

检 验 报 告

××(20××)第00×号

产 品 名 称:＿＿＿＿＿＿＿＿＿＿＿＿＿＿＿

委 托 单 位:＿＿＿＿＿＿＿＿＿＿＿＿＿＿＿

检 验 类 别:＿＿＿＿＿＿＿＿＿＿＿＿＿＿＿

检 验 中 心 章:＿＿＿＿＿＿＿＿＿＿＿＿＿＿

年   月   日

××质量检验中心
检 验 报 告

№（2021）001

委托单位				
生产单位				
试品名称		检验依据		
型号规格		检验类别		
试品编号		生产日期		
检验日期		检验地点		
样品参数	温度类别		介质组合/浸渍剂	
	额定电压（kV）		额定电容(μF)	
	串并联数		海拔高度(m)	
	外壳尺寸(mm)		内放电器件	
	相数		内保护器件	
主要检验设备				
检验结论				
			签发日期：年 月 日	
检验人员				
批准		审核		编写

一、 检测项目及检测结果

汇总表

序 号	检 测 项 目	单项检测结果
1	外观检查	
2	密封性试验	
3	端子间电压试验	
4	端子与外壳间交流电压试验(干试)	
5	电容测量	
6	损耗角正切值测量	
7	内部放电器件试验	
8	热稳定性试验	
9	高温下电容器损耗角正切	
10	短路放电试验	
11	常温下局部放电测量	
12	低温局部放电熄灭电压测量	
13	极对壳局部放电熄灭电压测量	
14	端子与外壳间交流电压试验(湿试)	
15	端子与外壳间雷电冲击电压试验	
16	损耗随温度的变化曲线测量	
17	套管受力试验	
18	内部熔丝的放电试验	
19	内部熔丝的隔离试验	
	以下空白	

二、 检测项目及检测结果

1. 外观检查

(1) 检验依据：

(2) 检验方法：

(3) 检验结果：

试品编号					
外观	外形及焊缝				
	引出端子				
	防腐层				
标志	商标				
	铭牌				
	接地标志				
外绝缘尺寸(mm)	套管表面爬距	实测值			
	极间净距	实测值			
	极对壳净距	实测值			

(4) 结论：

2. 密封性试验

(1) 检验依据：

(2) 检验方法：

(3) 检验结果：

试品编号			
试品试验情况			

(4) 结论：

附录 1　高压并联电容器试验报告模板

3. 端子间电压试验

(1) 检验依据：

(2) 检验方法：

(3) 试区环境条件：

(4) 检验结果：

试品编号			
施加电压(kV)			
施压时间(s)			
试品试验情况			

(5) 结论：

4. 端子与外壳间交流电压试验(干试)

(1)检验依据:

(2)检验方法:

(3)试区环境条件:

(4)检验结果:

试品编号			
施加电压(kV)			
施压时间(min)			
试品试验情况			

(5)结论:

5. 电容测量

(1) 检验依据:

(2) 检验方法:

(3) 试区环境条件:

(4) 使用仪器:

(5) 检验结果:

试品编号				
实测电容(μF)				
额定电容(μF)				
ΔC(%)	标准要求值			
	实测偏差			

(6) 结论:

6. 损耗角正切(tan δ)测量

(1) 检验依据:

(2) 检验方法:

(3) 试区环境条件:

(4) 使用仪器、设备:

(5) 检验结果:

试品编号				
施加电压值(kV)				
$\tan \delta (\%)$	技术条件值			
	实测值			

(6) 结论:

7. 内部放电器件试验

(1) 检验依据：

(2) 检验方法：

(3) 试区环境条件：

(4) 检验结果：

试品编号			
充电电压值(kV)			
剩余电压要求值(V)			
剩余电压实测值(V)			

(5) 结论：

高低压并联电容器试验指导手册

8. 热稳定性试验

(1) 检验依据：

(2) 检验方法：

(3) 检验结果：

累计时间(h)	箱内温度(℃)	试品温度(℃)	温升(℃)

(4) 试区环境条件：

试 品 编 号		
热稳定性试验前 （ ℃）	电容(μF)	
	$\tan\delta(\%)$	
热稳定性试验结束时 （试品芯子 ℃）	电容(μF)	
	$\tan\delta(\%)$	
热稳定试验后 （ ℃）	电容(μF)	
	$\tan\delta(\%)$	

(5) 结论：

9. 高温度下损耗角正切值测量

(1) 检验依据：

(2) 检验方法：

(3) 检验结果：

试品编号		
测量值 $\tan\delta(\%)$		
要求值 $\tan\delta(\%)$		

(4) 结论：

10. 短路放电试验

(1) 检验依据：			
(2) 检验方法：			
(3) 试区环境条件：			
(4) 检验结果：			

试品编号			
试验前电容(μF)			
短路放电试验电压(kV)			
试验后电容(μF)			
电容变化量(μF)			

(5) 结论：

11. 常温下局部放电测量

(1) 检验依据:

(2) 检验方法:

(3) 试区环境条件:

(4) 使用仪器:

(5) 检验结果:

试品编号			
试验前电容(μF)			
1.35 U_N 下局部放电量(pC)			
1.60 U_N 下局部放电量(pC)			
试验后电容(μF)			

(6) 结论:

高低压并联电容器试验指导手册

12. 低温下局部放电熄灭电压测量

（1）检验依据：

（2）检验方法：

（3）使用仪器：

（4）检验结果：

试品编号	箱内环境温度（℃）	常温下初测电容（μF）	起始电压（kV）	熄灭电压（kV）	熄灭电压 U_N		常温下复测电容（μF）
					要求值	实测值	

（5）结论：

附录1 高压并联电容器试验报告模板

13. 极对壳局部放电熄灭电压测量

(1) 检验依据：

(2) 检验方法：

(3) 试区环境条件：

(4) 使用仪器：

(5) 检验结果：

试品编号	起始电压 （kV）	熄灭电压(kV)	熄灭电压 U_m	
			要求值	实测值

(6) 结论：

14. 端子与外壳间交流电压试验(湿试)

(1) 检验依据:			
(2) 检验方法:			
(3) 试区环境条件:			
(4) 使用仪器、设备:			
(5) 检验结果:			

试品编号			
施加电压(kV)			
施压时间(min)			
试品试验情况			

(6) 结论:

附录 1 高压并联电容器试验报告模板

15. 端子与外壳间雷电冲击电压试验

(1) 检验依据：

(2) 检验方法：

(3) 试区环境条件：

(4) 检验结果：

附图:正、负极性波形图

16. 损耗随温度变化关系曲线测量

(1) 检验依据:

(2) 检验方法:

(3) 检验结果:

试品编号					
温度(℃)					
$\tan\delta$(%)					

(4) 结论:

附图:损耗与温度关系曲线(工频)

17. 套管受力试验

(1) 检验依据：

(2) 检验方法：

① 套管受力试验：

② 导电杆扭力矩试验：

(3) 检验结果：

试品编号				
套管受力试验				
导电杆扭力矩试验	最大值(N·m)			
	最小值(N·m)			

(4) 结论：

18. 内部熔丝的放电试验

（1）检验依据：

（2）检验方法：

（3）试区环境条件：

（4）检验结果：

试品编号			
放电试验前电容（μF）			
放电试验后电容（μF）			
试验前后电容变化量（μF）			

（5）结论：

19. 内部熔丝的隔离试验

(1) 检验依据：

(2) 检验方法：

(3) 检验结果：

试品编号		
下限电压 (DC)	初测电容(μF)	
	复测电容(μF)	
	熔丝熔断根数	

试品编号		
上限电压 (DC)	初测电容(μF)	
	复测电容(μF)	
	熔丝熔断根数	
	剩余电压(kV)	
	电压下降率(%)	
耐压试验 $U_s=$ kV		

(4) 结论：

附录2　低压并联电容器试验报告模板

××质量检验中心

检　验　报　告

××字(20××)第00×号

产 品 名 称:_____

委 托 单 位:_____

检 验 类 别:_____

检 验 中 心 章:_____

年　　月　　日

××质量检验中心
检 验 报 告

委托单位				
生产单位				
试品名称		检验依据		
型号规格		检验类别		
试品编号		生产日期		
检验日期		检验地点		
样品参数	温度类别		介质组合/浸渍剂	
	额定电压(kV)		额定电容(μF)	
	串并联数		海拔高度(m)	
	外壳尺寸(mm)		内放电器件	
	相数/接线方式		内保护器件	
主要检验设备				
检验结论	签发日期：年 月 日			
检验人员				
批准		审核		编写

一、 检测项目及检测结果汇总表

序 号	检 测 项 目	单项检测结果
1	外观检查	
2	端子间电压试验	
3	端子与外壳间电压试验	
4	电容测量和容量计算	
5	损耗角正切测量	
6	内部放电器件试验	
7	放电试验	
8	自愈性试验	
9	热稳定性试验	
10	高温下电容器损耗角正切的测量	
11	密封性试验	
12	端子与外壳间雷电冲击电压试验	
	以下空白	

二、 检测项目及检测结果

1. 外观检查

(1) 检验依据：

(2) 检验方法：

(3) 检验结果：

试品编号				
外观	外形及焊缝			
	引出端子			
标志	商标			
	铭牌			
	接地标志			

(4) 结论：

2. 端子间电压试验

(1) 检验依据：

(2) 试验方法：

(3) 试区环境条件：

(4) 检验结果：

试品编号			
施加电压(kV)			
施压时间（s）			

(5) 结论：

3. 端子与外壳间电压试验

(1) 检验依据：

(2) 检验方法：

(3) 试区环境条件：

(4) 使用仪器、设备：

(5) 检验结果：

试品编号			
施加电压(kV)			
施压时间(min)			

(6) 结论：

高低压并联电容器试验指导手册

4. 电容测量和容量计算

（1）检验依据：

（2）检验方法：

（3）试区环境条件：

（4）使用仪器、设备：

（5）检验结果：

试品编号				
电容 C	AA_1- BB_1 (μF)			
	BB_1- CC_1 (μF)			
	CC_1 -AA_1 (μF)			
总电容 C (μF)				
ΔC (%)	标准规定值			
	实测值			
C_{max}/C_{min}	标准规定值			
	实测值			

（6）结论：

附录2 低压并联电容器试验报告模板

5. 损耗角正切测量

(1) 检验依据：

(2) 检验方法：

(3) 试区环境条件：

(4) 使用仪器、设备：

(5) 检验结果：

试 品 编 号				
测量值 $\tan \delta(\%)$	AA_1- BB_1			
	BB_1- CC_1			
	CC_1-AA_1			
技术条件要求值 $\tan \delta(\%)$				

(6) 结论：

高低压并联电容器试验指导手册

6. 内部放电器件试验

(1) 检验依据：

(2) 检验方法：

(3) 试区环境条件：

(4) 使用仪器、设备：

(5) 检验结果：

试品编号			
施加电压（kV）			
3 min后端子间电压(V)			

(6) 结论：

7. 放电试验

(1) 检验依据：

(2) 检验方法：

(3) 试区环境条件：

(4) 检验结果：

试品编号			
试验前电容(μF)			
试验后电容(μF)			

(5) 结论：

8. 自愈性试验

(1) 检验依据：

(2) 检验方法：

(3) 试区环境条件：

(4) 检验结果：

试品编号				
试验前电容 C （μF）	$AA_1 - BB_1$			
	$BB_1 - CC_1$			
	$CC_1 - AA_1$			
试验后电容 C （μF）	$AA_1 - BB_1$			
	$BB_1 - CC_1$			
	$CC_1 - AA_1$			
试验后损耗 $\tan \delta$（%）	$AA_1 - BB_1$			
	$BB_1 - CC_1$			
	$CC_1 - AA_1$			
试验后损耗 $\tan \delta$（%）	$AA_1 - BB_1$			
	$BB_1 - CC_1$			
	$CC_1 - AA_1$			

(5) 结论：

附录 2　低压并联电容器试验报告模板

9. 热稳定性试验

(1) 检验依据：

(2) 检验方法：

(3) 检验结果：

累计时间(h)	箱内温度(℃)	试品外壳温度(℃)	温升(K)

(4) 试区环境条件：

试品编号		$AA_1 - BB_1$	$BB_1 - CC_1$	$CC_1 - AA_1$
热稳定性试验前(℃)	电容(μF)			
	$\tan \delta$（%）			
热稳定性试验后(℃)	电容(μF)			
	$\tan \delta$（%）			

(5) 结论：

10. 高温度下损耗角正切测量

(1) 检验依据：

(2) 检验方法：

(3) 检验结果：

试品编号			
高温度下 $\tan\delta$（%）			

(4) 结论：

附录2 低压并联电容器试验报告模板

11. 密封性试验

(1) 检验依据：

(2) 检验方法：

(3) 检验结果：

试品编号			
试品试验情况			

(4) 结论：

高低压并联电容器试验指导手册

12. 端子与外壳间雷电冲击电压试验

(1) 检验依据：

(2) 检验方法：

(3) 试区环境条件：

(4) 检验结果：

(5) 检验结果：

试品编号	试验电压 (kV)	正极性		负极性	
		次数	结果	次数	结果

(6) 结论：